U0392237

国家出版基金项目
NATIONAL PUBLICATION FOUNDATION

传世技艺

服装手工高级定制技艺研究 3

精工艺制作技术卷

吴国英　许才国　著

东華大學 出 版 社

·上海·

图书在版编目 (CIP) 数据

传世技艺：服装手工高级定制技艺研究 . 3, 精工艺制作技术卷 / 吴国英，许才国著 .
一上海：东华大学出版社，2021.1
ISBN 978-7-5669-1862-8

I. ①传… II. ①吴… ②许…   III. ①服装工艺 IV. ① TS941

中国版本图书馆 CIP 数据核字 (2021) 第 011009 号

责任编辑： 徐 建 红
技 术 编 辑： 季 丽 华
书 籍 设 计： 东华时尚

出　　　 版： 东华大学出版社（地址：上海市延安西路1882号　邮编：200051）
本 社 网 址： dhupress.dhu.edu.cn
天猫旗舰店： http://dhdx.tmall.com
销 售 中 心： 021-62193056　62373056　62379558
印　　　 刷： 上海盛通时代印刷有限公司
开　　 本： 889mm×1194mm　1/16
印　　 张： 14.25
字　　 数： 490千字
版　　 次： 2021年1月第1版
印　　 次： 2021年1月第1次印刷
书　　 号： ISBN 978-7-5669-1862-8
定价(三册)： 298.00元

作者简介

吴国英

　　服装高级（一级）技师，浙江理工大学服装学院兼职教授，杭州市技师协会委员会专家。担任服装手工高级定制技术总监和技术导师25年，是四家手工高级定制服装企业和一家"手工高级定制服装技术研发中心"创始人。致力于服装高级定制技术的研究和实践，主要研究中国红帮裁缝技艺与英式高级定制服装技艺，并将两种技艺进行融合与创新，拥有服装手工高级定制技术专利18项，发表论文多篇。获得首届"杭州工匠"和"浙江省工匠"称号、杭州市高技能人才政府津贴等。成立"吴国英服装设计服装定制技能大师工作室"，积极传授技艺，培养服装手工高级定制技术人才。

许才国

　　宁波大学昂热大学联合学院副教授，香港理工大学纺织与制衣系访问学者，宁波大学"一带一路"研究院（浙江省新型智库）研究员。主要从事定制服装设计研究、品牌服装设计与理论研究、皮革服装设计研究、时尚产业经济研究。出版"十二五"普通高等教育本科国家级和其他部委级规划教材共计5本，发表论文多篇，多次获得国内外服装设计奖项，担任服装企业兼职设计师，多次指导学生获得全国服装设计赛事奖项。

从广义上讲，除了批量生产的成衣以外，所有依照个人特点制作的服装都属于定制服装。其分类以及表现形式多种多样，说法不一。作为服装的一个分支，定制服装在业内通常分为高级定制服装与普通定制服装两个等级。

高级定制服装与普通定制服装的区别

	高级定制服装	普通定制服装
设　计	由顶级服装设计师或设计团队负责设计，代表着本品牌的最高设计水平，为顾客度身定制，力求服装与人体完美契合，充分体现顾客的精神气质	视经营规模而定，有的小规模定制店并没有自己的设计师，多为经营者根据顾客需求进行设计制作
材　料	用料考究，多选用工艺精良、性能稳定的高档材料。强调个性，常采用限量定制材料或买断材料的方式来防止定制服装被仿制，从而确保顾客定制的服装是独一无二的	为了降低成本，多选用普通的面料、辅料来制作服装
工　艺	全手工制作，强调精湛的手工工艺，制作时不厌其"繁"，力求极致	非全手工制作，只在局部采用手工制作，其制作工艺相对简单
顾　客	多为身份特殊的高端客户，如政界要人、王室贵族、商业巨子、豪门名媛、社会名流等，以及其他一些非常讲究品质的高收入者	多为追求个性、乐于表达自己的一般高收入者，或是特体人群
成　本	面向高端客户的专属定制服装，其设计、工艺、材料等成本都相对较高，用于经营与销售的公关成本及提升品牌形象的费用也较高	由于产品面向一般高收入者，而这些顾客对服装价格较为敏感，所以需尽量控制成本

从顾客的消费情感体验角度来说，区分高级定制服装与普通定制服装的关键因素是从事高级定制业务的品牌企业在定制业务中所提供的服务质量。高级定制服装品牌企业从顾客一开始步入店堂到服装的设计、制作、试穿、修正，直至成品交付，再到后期的产品维护与再续业务，都会围绕着定制业务一丝不苟地为顾客提供全方位、高水准的服务，顾客在此过程中尽享高级定制所带来的身心愉悦。

高级定制服装的定义

高级定制服装是一种为少数具有高品质生活方式的人群服务的单量单裁手工定制服装，由高级定制品牌的顶级设计师或团队为顾客亲力打造，具有顶级的设计、优质的材料、精湛的做工、高昂的价格等特征，通常适用于特定的场所。

在西方服装高级定制行业，对男女高级定制服装的定义或称谓是有所区别的。在女装领域，世界公认的高级定制服装叫 Haute Couture（高级女装），多特指法国高级女装；而在男装领域，世界公认的则是英国萨维尔街出品的 Fully Bespoke（全定制），即英式高级定制，是全球政要、皇室成员、各界明星定制服装的首选。

本套书研究的服装手工高级定制技艺属于全定制，在传承中国红帮裁缝传统手工技艺的基础上，还融合了萨维尔街英式高级定制服装的古老手工技艺。

服装手工高级定制流程

服装高级定制是采用专业技术对顾客进行一对一服务的过程。以一套西装为例，从开始到完成，整个流程一般需要花费 3 个月左右的时间，经过 2 次试样，包括下单后 1 个月左右第一次试样，2 个月左右第二次试样（具体时间取决于顾客配合试样的时间），然后再过 1 个月取衣。

定制流程如下所示：

1. 第一次见顾客。了解顾客需求，明确定制服装使用的场合和时间等，协助顾客确定面料、款式并完成量体。
2. 根据顾客的订单，订购面料和里布。订购需要 2~3 周时间，在此期间进行一对一的制板。
3. 裁剪面料及配备辅料后，进行毛样制作。需花费大约 25 小时，手工针累计 3 500 针左右，方能完成符合人体立面形态的毛样缝制。
4. 约请顾客试样。第一次试样是毛样试穿，需处理毛样在人体静、动状态下的平衡度，并给出技术处理方案。
5. 技术方案处理。先在纸样上实施可行性操作，修正技术方案。然后将毛样全部拆掉，采用修正后的方案对衣片进行再裁剪。
6. 手工净样缝制。净样缝制需花费大约 30 小时，手工针累计 8 000 针左右。
7. 约请顾客二次试样。观察顾客的穿着效果，并给出细节处理技术方案。
8. 调整净样。先调整纸样，然后根据需要确定调整范围。拆净样花费的时间相当于缝制净样所需的时间。
9. 精工艺制作。通过手工缝制实现对已经完成立面造型衣片的定型作用，故需要使用手工针对不同衣片的每块立面进行密集型的缝制，并加入归拔熨烫工艺。从手工缝制到熨烫定型、冷却保型通常需花费大约 50 小时，累计手工针 12 000 针左右。
10. 约请顾客取衣。协助顾客最后一次试衣，并告知顾客日后如果身材发生变化，可以随时调整服装的放量，以达到合体效果。

服装手工高级定制技艺的传承

长期以来，在服装领域，师徒传承模式、技术保护主义导致手工高级定制技艺成为一门普通人很难学到的高端手艺，再加上服装手工高级定制的很多操作技巧很难用语言文字来精确表达和描述，所以国内外至今尚未有非常完整系统地介绍服装手工高级定制技艺的书籍出版。

本套书分《制板技术卷》《毛样缝制技术卷》《精工艺制作技术卷》3 卷，采用图解形式，分步骤详细地记录、解密服装手工高级定制的全部技艺，系统完整地传授服装手工高级定制以往密不外传的高端技艺。希望本套书的出版能够为我国服装手工高级定制技艺的研究和传承，以及人才培养作出贡献。

作　者

目 录

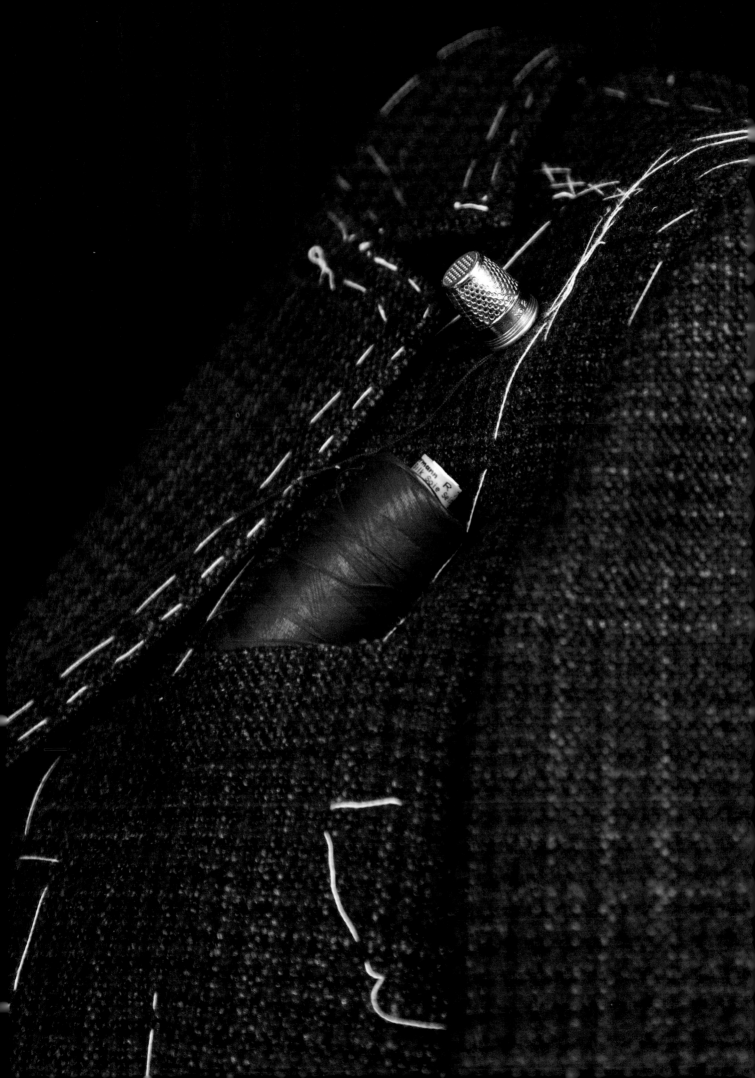

第一章
准备工作及常用术语

  精工艺制作前的准备工作主要包括：对毛样试穿后被拆解的衣片重新进行立面形态的熨烫和丝缕的归正；核对撇门后的衣片尺寸，重新确定口袋的立面形态，并根据衣片的大小，对口袋尺寸进行微量调整，以便能实现更好的视觉效果；对即将进行精工艺制作的衣片尺寸进行复核；核查缝缉线，修剪衣片余量；裁剪小件物料和里布，并准备好相关制作工具等。

第一节

制作前的熨烫整理

一、整烫立面胸型

　　毛样试穿后，被拆解下的前衣片需要重新整烫塑造立面形态，归正丝缕。先将衣片的正面呈 90°立靠在驼背木架烫台上，使半边胸部衣片处于完全平铺状态。在衣片的反面和翻驳线上进行干烫（熨斗不喷蒸汽），并将止口和下摆在毛样缝合阶段所产生的折痕熨烫平整。

将已经熨烫整理好的半边胸部衣片呈90°立靠在驼背木架烫台上，使腋下部位处于完全平铺状态，熨烫另外半边胸部衣片。从肩部开始进行干烫，顺延至腋下归正袖窿圈，然后熨烫侧片塑造收腰及臀部造型，并将下摆在毛样缝合阶段所产生的折痕熨烫平整。

二、整烫止口丝缕

将衣片翻转至正面朝上，整理面料丝缕。铺直前止口，使胸部保持自然拱起状态，一边检视丝缕方向，一边整理熨烫前止口，归正丝缕。

三、整烫侧片丝缕

完成前片的熨烫后，在确保前片横向平衡线位置不变的前提下，将侧片的臀部丝缕和袖窿底部丝缕整理顺直和平整，使侧片在腰部产生余量。

提示：（1）需要在侧片的臀部作拔烫塑型，以使衣片符合人体臀部曲线；（2）对袖窿底部丝缕作归烫处理；（3）熨烫时，熨斗从余量的两边开始慢慢移向余量部位，左右来回反复熨烫，直到侧片上的余量完全消失为止。

制作前的尺寸核对

毛样制作过程中的缝合、熨烫塑型等工艺环节会使面料丝缕产生细微变化，为了确保缝缉线的缝制位置与线条形态精准，在精工艺制作前需重新核对尺寸。

一、核对尺寸

核对前片胸围尺寸时，需以腰省位置为中心，对两侧的胸围尺寸进行测量。核对前片腰围尺寸时，软尺需平行于胸围线测量。从侧片后侧缝线的线钉处测量到前止口的线钉处，测得的尺寸需减去 1cm 的缝份量。

提示：在毛样试穿过程中，有时候需要根据试穿效果放缩调整前片尺寸。放缩时，前止口放量最大不超过 1.3cm，否则腰省两侧的胸围尺寸会失衡，导致衣身产生不对称的视觉效果。

二、精确绘制缝线

确定前片的衣长、胸围、腰围尺寸和边衩高度后，将划粉削薄，依次精确地画出前片侧缝线、肩线、袖窿线、止口线和下摆线。

制作前的线条形态核对

一、核对翻驳线形态

　　将前片平铺在台面上，使胸部保持自然拱起形态，在确保前片丝缕方向顺直的前提下，核对翻驳线形态。由于在毛样立面造型过程中，面料丝缕产生了微量变化，因此新绘制的翻驳线会偏离原始翻驳线线钉。

二、核对领型外弧线形态

手工高级定制西装多属于正装，其领型款式一般不会太张扬。在定制选样时，为了使顾客有个直观的造型参考，通常会制作好若干个具有代表性的领型以供选择。这些领型在定制服装制作过程中也可以作为领型外弧线的参考样板。

提示：领型外弧线形态必须与定制上衣外轮廓线形态相匹配。

三、核对止口线形态

止口线通常由两段不同形态的线条组合而成，其扣位段是直线，下摆段是弧线。核对止口线形态时，可以使用专用工具尺来绘制下摆段的弧线。在定制业务中，为了更好地满足顾客需求，可以依据顾客的气质特征、流行样式制作出几个不同弧线形态的下摆样板以供选择。

四、核对衩位线形态

衩位线的长度也就是衩位的高度，其尺寸取决于上衣风格。上衣外轮廓线的弧度越大（英伦风格），衩位越高。

提示：衩位下摆要留出一定的里外匀量，塑造出后片盖住前片的造型。

制作前的衣片对称处理
与挂面精裁剪

一、对齐腰省位

　　将已经核对好线条形态的左右衣片正面朝正面对合，将中间腰省对位后，用珠针别住上下两层衣片，然后从下摆开始核查，确保左右衣片的面料丝缕对齐且对条对格。

二、对齐止口线

　　沿下摆向上，核查上下层衣片止口线的面料丝缕是否对齐，将已经对齐丝缕的线段用珠针别住固定。反复核查领角位置，需确保左右衣领的面料丝缕对齐、条格对称。最后核查肩线、袖窿线和侧缝线。

三、复制结构线

　　完成上述步骤后，开始复制衣片的结构线。在避免珠针伤手的前提下，用拳头沿着衣片的结构线敲打一圈，使上层衣片上的划粉线复制到下层衣片上，产生朦胧的划粉痕迹。

四、精确绘制结构线

　　复制结构线后，掀开上层衣片，用削薄的划粉和专用工具尺，对照上层衣片的丝缕，逐步逐段将下层衣片上朦胧的划粉痕迹描绘成清晰的线条，要确保左右止口的结构线完全对称。

五、挂面精裁剪

手工高级定制西装的挂面，并不是在裁剪环节中与衣片同时下料及完成裁剪的，而是预留挂面与领面面料，在完成止口造型后，根据止口形态以及衣身胸、腰、腹造型需求进行即时精裁剪。裁剪挂面要求先将驳领最上端 5~6cm 的止口边排在面料的直丝缕上，然后顺直排到下摆。为了使挂面具有一定宽度，且缝制后其内边有松量，挂面的下口需要比衣身前片止口边宽出 2.5cm 左右。

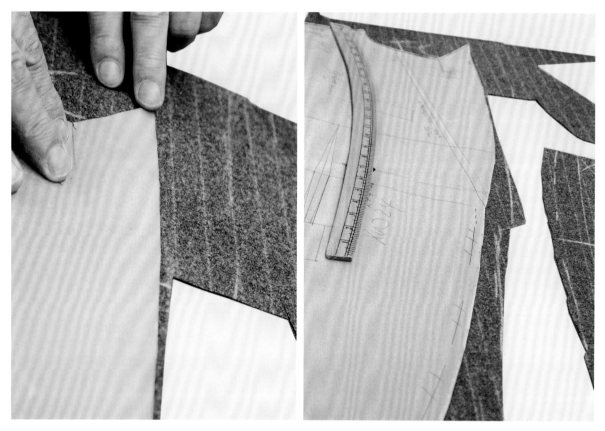

提示：左图中，前止口纸样的驳领最上端与面料条纹平行。

常用术语

1. 光样

光样是指在给顾客试完毛样后，确定有必要再次试穿的样衣。通常光样已经完成了前片的精工艺制作，如开口袋、翻止口、覆前片里布、合肩缝等，而领子和袖子还是与毛样相同。

2. 过粉

过粉是指将衣片上的划粉线复制到另一衣片上去的工艺过程。例如，撇门时，先将左、右衣片对合，将有划粉线的衣片置于上层，再用拳头敲打，使上层衣片的划粉线复制到下层衣片上。

3. 翻止口

翻止口指确定前片和驳领宽度后，翻折左、右前片的止口边，并对止口边进行精工艺造型、精修剪及精制作的工艺流程。完成翻止口工艺的成品，用手指触摸时会感觉到止口非常轻薄，里外匀形态符合人体立面。

4. 加棉

加棉是一种用于塑造衣片局部形态，使其符合人体局部特征的补正方法。例如，将肩棉加厚以补正高低肩、在圆背体型的后袖窿加垫袖窿圈棉等。

5. 绱领面

手工高级定制上衣的领子制作分绱领衬和绱领面两道工序，绱领面是在领衬形态完全符合人体颈部结构后所进行的工艺环节。制作前需要先归拔领面形态，然后用手工平针将领面固定在立面的领衬上，再手工精切固定造型。

6. 合里布

合里布是将里布覆盖到已经具有立面形态的衣片上的工艺过程。合里布时，需要一边对里布进行塑型，使其匹配衣片的立面形态，一边用手工平针缝制固定里布，待后期手工精切。

7. 手工精切

"切"是一种包含珠边工艺在内的车缝或手缝工艺。在手工高级定制中，手工精切工艺不仅可以塑造立面形态并加强面料、衬料和里布之间的牢度，还可以处理一些机器无法车缝而需要手工缝制的部位。

8. 栋缝百革

栋缝百革是裤腰上的一种部件，类似于马甲上的后襻，装在裤腰的两侧，位于侧缝线的正上方，用于调节裤腰尺寸。

9. 腰裙边

腰裙边缝制在裤腰下方，具有多个褶裥，主要用于保护裤子腰臀部位的面料，以防穿着者活动或下蹲时因臀部的张力致使面料变形或者破损。前裤片上的腰裙边为棉布裙边，后裤片上的腰裙边为里布裙边。

10. 裤膝绸

裤膝绸通常衬在前裤片上，用于保护裤子大腿部位的面料，以防穿着者活动或下蹲时因大腿肌肉张力致使面料变形或者破损。为了便于腿部弯曲，裤膝绸的长度通常到膝盖处。若裤子的面料特别高档，前、后裤片都可以做裤膝绸。

11. 裤脚口贴边

裤脚口贴边设置在裤脚口内侧，用于保护被折进的面料，以防其因皮鞋后跟长期摩擦而磨损。裤脚口贴边常使用面料的光边或者专用贴边条制作而成。

12. 马蹄口

类似马蹄口的裤脚口造型。通过归拔熨烫塑型工艺处理，使得裤脚口前高后低，形成 2.5cm 左右的落差，穿着时不会因脚背的高度而导致前裤脚口出现褶皱。

第二章
上衣口袋精工艺制作

西装上衣口袋通常分手巾袋和大袋，两者的制作工艺有所不同。手工高级定制西装在口袋精工艺制作前，已经通过省道缝合、归拔熨烫完成了前片的立面造型，手巾袋的位置刚好在拱起的胸部立面上，而大袋则通常位于内收的腰部立面与外翘的臀部立面交界处，该部位线条起伏，形态复杂，制作时需加强工艺处理，使大袋的造型匹配该部位的立面形态。

在手工高级定制西装上衣口袋等部件的设计过程中，绘制在纸样上的只是平面基础结构线。在衣片的裁剪过程中，口袋等部件的平面基础结构线会用打线钉的方式标记在衣片上。而后续制作过程包括面料归拔熨烫造型、胸衬的立面覆合、假缝之后的初次试衣等工序，可能需要根据衣片的立面形态对口袋进行局部修正，这会导致口袋形态与原来的线钉位置不完全一致。因此，在精工艺制作前，需要根据整体的视觉效果重新设计袋型和调整口袋的位置，还需要根据衣片的大小调整口袋的尺寸。

男上衣手巾袋精工艺制作

　　男上衣手巾袋是在立面胸部衣片上进行精工艺制作的，制作时需要融入里外匀的量，以确保口袋的造型效果符合人体胸部特征。缝制时，既要注重"内部"工艺，也要重视"外部"工艺。口袋内层手工缝制的针法和针数会影响口袋的外观，口袋布的形态和布局会影响口袋及胸部衣片的造型；口袋外层面料的手工切线工艺则会直接影响整件服装的外观效果。

一、袋位设计

　　1.将衣片正面朝上置于大小头软垫沙包上，熨烫整理面料丝缕，使胸部立面形态饱满。

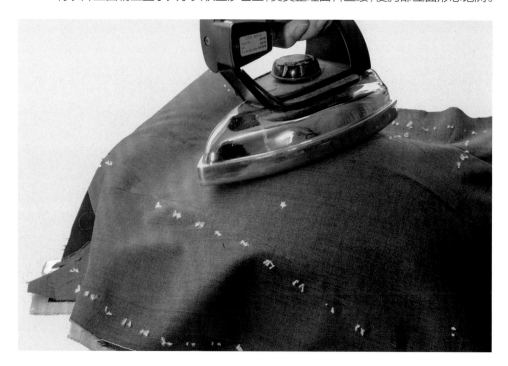

2. 在衣片上画出手巾袋的上口线，使其与胸部整体立面形态相匹配，然后画出重新设计定位的手巾袋止口线，并重新打上线钉。

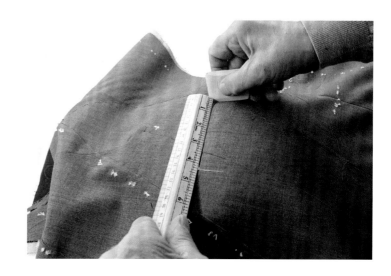

二、袋止口布裁剪

1. 将裁剪时预留的面料置于衣片胸部，在手巾袋划粉线上比对预留余料与衣片面料，确定两者丝缕方向一致后，用划粉在预留余料上画出袋贴和袋止口小料的定位点。

提示：除了核对面料丝缕之外，条格面料还需做好对条对格。

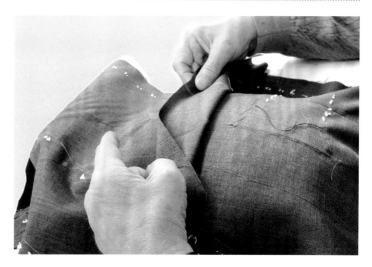

2. 裁剪袋贴和袋止口小料。裁剪前，在面料反面用划粉做标记。可根据上衣尺寸，对袋止口的宽窄略作调整，但是袋止口小料的总宽度必须按设计确定的袋止口宽度，上口边加 2cm 的缝份量，下口边加 1cm 的缝份量，袋止口小料的长度比袋贴两边各长出 2cm 的缝份量。袋贴和袋止口小料均需核对丝缕后再裁剪。

三、袋止口塑型

1. 手工高级定制西装手巾袋止口常使用薄而挺括的油光棉布作为辅助材料，起到加强作用。油光棉布与袋止口小料的宽度相等，长度略短。裁剪油光棉布时，一定要按横丝缕方向，沿着同一根纬纱剪到底。

2. 将油光棉布与袋止口小料的反面朝上，油光棉布置于面料的上方，沿长度方向相互重叠2cm，并检查油光棉布边缘是否为一整根到头的纬纱。在重叠部分的中间位置合片车缝第一道线，然后沿着油光棉布的边缘翻折面料，在左右两端车缝第二道线。车缝时，需在两层之间融入里外匀量。

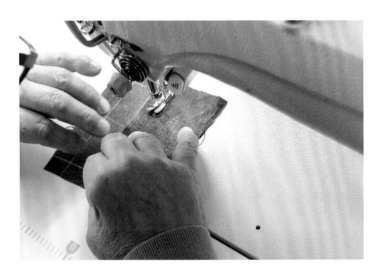

3. 在将手巾袋止口翻折至正面之前，需将两端缝份修剪出错落层差，并分缝熨烫。然后翻转手巾袋止口，在其正面用手针塑造出里外匀效果，并加固立面止口。

4.缝制时，需要用左手食指将面料顶出弓面造型，大拇指指甲掐住手针进出的部位，沿止口边缝制，使其形成自然的里外匀效果。测量好止口边尺寸并留出1cm的缝份量，然后修剪油光棉布。

四、精做袋止口

1.依据立面造型原理，按手巾袋止口线钉记号，在前片的胸衬上剪开手巾袋的上口和两端止口边，不可剪开面料。

提示：修剪时，用左手挡住面料层以免损伤面料。

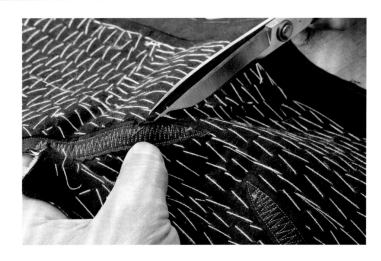

2.用左手顶起衣片，使胸部呈自然立体状态，右手将剪开的这层胸衬掀起，手针穿棉线，以平针将其缝制固定。

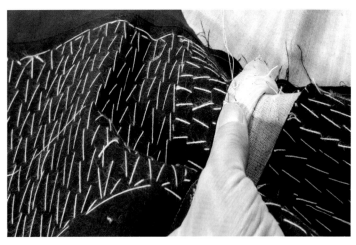

3. 将衣片翻至面料层朝上，在车缝前整理好手巾袋所在区域，使其达到完全平铺的状态。在车缝手巾袋止口时，必须用双手按住已经完成造型的衣片周边区域，以免其发生变形。

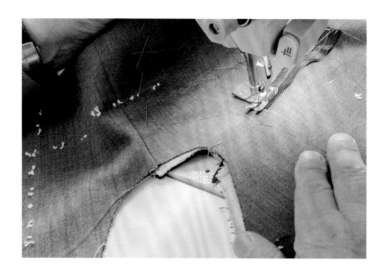

4. 使用相同的方法车缝手巾袋袋贴，两条车缝线需保持平行、顺直，起点和终点都需车缝回针加固，其位置应以手巾袋止口翻折后，缝缉线被遮挡住为准。

5. 在两条平行顺直的车缝线中间的面料上剪开一条直线，两端修剪出Y形小三角，其位置应以手巾袋止口翻折后，缝缉线被遮挡住为准。

6. 完成Y形小三角的修剪后，将衣片胸衬面朝上，置于大小头软垫沙包上进行分缝熨烫。在被剪开的胸衬剪口上加烫一块黏衬，以免被剪断的马尾衬纤维外露。

五、布局袋布

1. 将口袋布折进1cm缝份，盖在手巾袋止口内里边，遮住油光棉布及车缝线。使用与面料同色系的车缝线作为第一道手工缝缉线，将口袋布缲缝到手巾袋的内止口上，缝制时手工针只缲住一层面料，注意保持胸部造型窝势的里外匀量。

2. 第二道手工缝缉线的作用是塑造和加固口袋布在手巾袋止口的窝势，通常在第一道线的末端连线垂直转到手巾袋止口与前片的缝线，沿缝线在缝份里切针。

提示：这道缝缉线要切缝在手巾袋止口正面的缝份里，从面料正面完全看不见任何线迹，起到加固作用。缝制时需始终在符合胸型的窝面上进行，纳入里外匀量。

3. 在车缝口袋布前，需要将两端的面料小三角折进，使其垂直于袋口线，从反面使用手工缝缉线固定，然后车缝口袋。

4. 车缝并修剪完口袋后，先将胸部衣片连同口袋布一起进行立面熨烫，然后将固定住的胸衬放下，进行整体熨烫。

5. 裁剪两块有纺衬料，将半边胸部衣片呈90°立靠在驼背木架烫台上，使另外半边处于完全平铺状态，将有纺衬覆盖在袋布边和胸衬上，通过熨烫黏住有纺衬，起到加固作用。调换方向，用相同方法在另外半边胸衬上黏烫有纺衬。

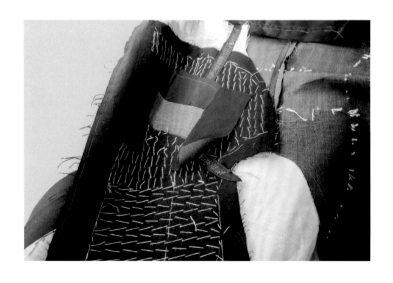

6. 黏烫固定有纺衬料后，还需要用交叉针法手工缝制以加固该部位，使其保持持久牢度。缝制时，用左手拇指在正面触摸感觉缝制部位，中指顶住口袋布边，右手用交叉针缲住口袋布边和胸衬，最后在被剪开的胸衬段黏烫有纺衬，以防马尾衬纤维外露。

六、袋止口切线

1. 选用细短手工针和与面料同色系的车缝线，以缝制串口的珠边针法从底边起针，沿手巾袋止口的一端缝制装饰切线。

2. 一端缝制完成后，采用同样针法继续缝制手巾袋止口的另一端。

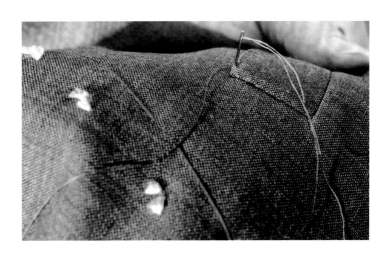

七、熨烫整理

1. 完成立面上的手巾袋制作后，在胸衬面进行熨烫，尽量烫得时间长一点，使胸衬中的多层材料相互结合。

2. 将衣片翻转至正面朝上进行熨烫，尽量保持足够长的时间，使被剪断的马尾衬纤维完全被有纺衬黏住。

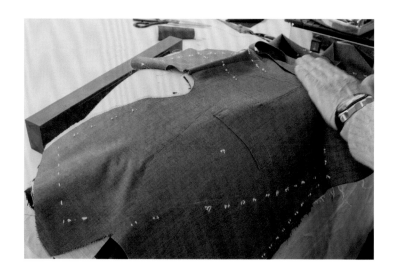

男上衣大袋精工艺制作

男上衣大袋是在腰腹部衣片上进行塑型和精工艺制作的，需要掌握原理，使其块面和线条形态与人体腰腹部立面形态相匹配。在精工艺制作时，首先要对袋盖进行立面的手工缝制塑型，然后再进行局部的车缝加固、修剪、立面熨烫，形成袋盖的里外匀窝势，且止口边较轻薄。本节以带袋盖的双嵌线挖袋为例进行操作讲解。

一、袋盖制作

1. 手针固定

为了确保完成后的大袋能够符合人体局部特征，具有自然窝势，袋盖的面料与里布之间需要有里外匀量。除了特殊款式之外，袋盖的面料通常应与大身的面料纹理相匹配。

缝制前需要核对面料和里布的丝缕方向，然后用手工回针在靠近袋盖划粉线的里侧进行缝制，以固定面布与里布的丝缕。

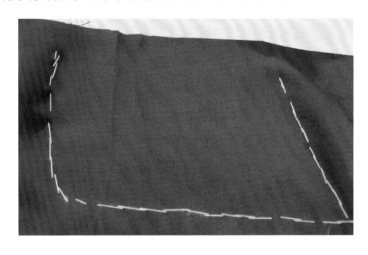

2. 精确车缝

手针固定袋盖的丝缕后，进行精确车缝。车缝时，机器压脚压在面料的划粉线上，用右手中指控制下层的里布。

提示：车缝时，转角弧线段需要减小针距，并融入窝势。

3. 修剪缝份

修剪面料时需留出 0.3cm 的缝份量，里布留出的缝份量略大于面料，两者形成错落层差。将圆角处缝份修剪为 0.2cm，然后将袋盖止口边置于飞机木架烫台上，进行分缝熨烫。

4. 手针切缝

将袋盖翻转后理顺丝缕，用手工平针切住缝份止口边，纳入里外匀量并固定丝缕。

提示：缝制时，需要将止口边完全窝在左手食指上，辅助右手进行缝制。

5.检查形态

检查左右袋盖的形态、尺寸、窝势是否完全一致，丝缕方向是否完全对称。

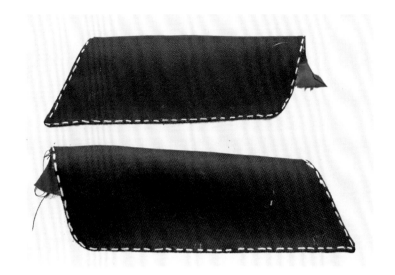

二、大袋制作

1.模拟成品效果

将袋盖与袋布、垫布放在衣身上，预判制作完成后的外观效果。袋盖的尺寸不是固定值，需与顾客所定制衣服的尺寸相匹配。

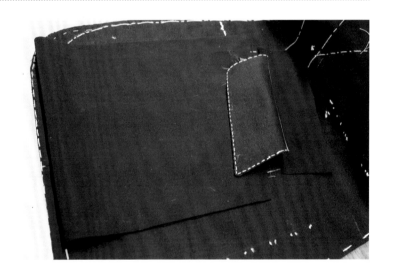

2.绷缝嵌线条

在面料正面理顺嵌线条丝缕并调整好嵌线条宽度后，用手针固定丝缕并确定其宽度。

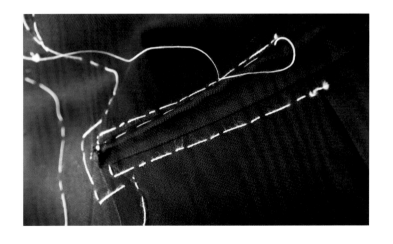

3. 整理反面形态

先将两端的面料小三角挑出来，使其垂直于袋嵌线条，用手工缝制将小三角固定在面料反面，然后再一次进行熨烫归正丝缕，边烫边用驼背木架烫台按压缝份。

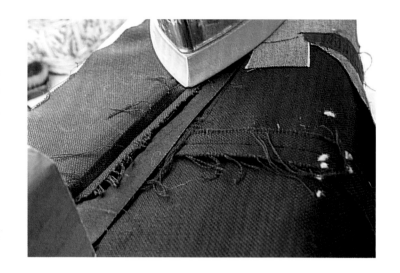

4. 确定袋盖形态

依据上衣尺寸，再次确定袋盖宽度。在确定宽度的划粉线位置，将对应的里布拉紧，形成窝势，用手工平针在划粉线上绷缝固定袋盖和里布的丝缕，确定袋盖宽度并完成其窝势造型。

5. 检查匹配质量

保持袋盖宽度线与袋嵌线条平行，并且以看不见袋盖上的手工线为准，检查袋盖与嵌线条的匹配质量，通常袋盖需要比嵌线条短 0.2cm，以便通过立面熨烫后实现最佳的匹配效果。

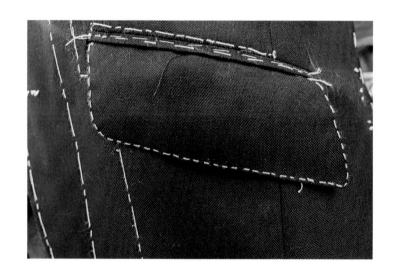

6. 预留袋布松量

　　在袋布上留出 2.5cm 的松量形成褶裥，以确保口袋具有实用功能。

7. 加强袋口牢度

　　在袋口已经手工固定的基础上再进行车缝，加强袋口牢度。先整理上、下嵌线条的丝缕，然后在已经手工缝制两端小三角的位置来回车缝三次。

提示：车缝时，需保持缝缉线垂直于嵌线条，确保正面袋口方直，并避免缝到衣片上。

8. 修剪内部余量

　　在口袋反面修剪双嵌线条两端多余的量，使得袋口两端内侧轻薄。

提示：修剪时，左手需提起衣片，以免衣片被剪破。

9. 手针固定袋布

在口袋正面进行立面熨烫后，在反面将口袋布固定在胸衬上。

提示：操作时，用手工三角针在窝势的斜面上将口袋布与衬一起固定住。

10. 立面整烫塑型

在大小头软垫沙包上进行立面熨烫、整理塑型。

提示：熨烫时，需在面布表面垫烫布，以防上、下嵌线条出现熨烫极光；袋盖与面布之间需垫纸板隔离，以免袋盖印痕留在面料上。

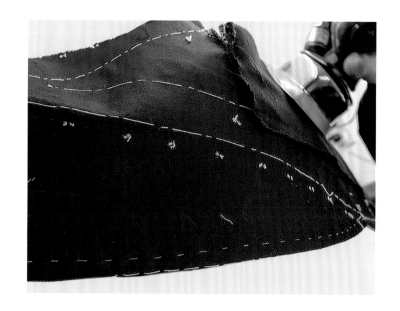

三、检视制作效果

　　将衣片覆在人台上，整体检视最终制作效果。由图可见，制作完成的大袋外观效果良好，上、下嵌线条宽窄一致，袋盖风格符合衣身的整体设计，大袋尺寸合理，袋盖与衣身弧面形态相匹配。

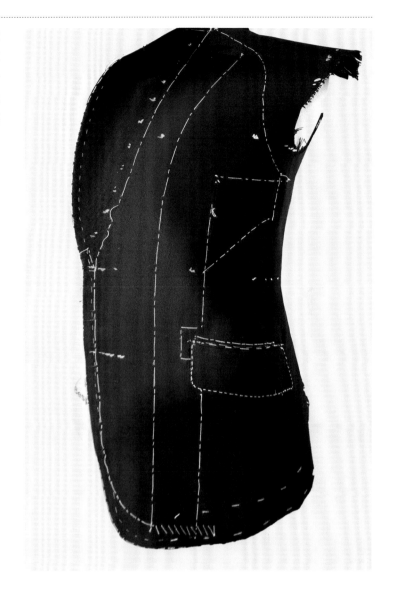

第三节

女上衣大袋精工艺制作

　　相对于男装来说，女装立面形态更复杂，其口袋与袋盖制作工艺难度远大于男装。比如在女装上制作手巾袋的过程中应尽量减少车缝环节，多使用手工立面缝制，且缝制时每缝一针都需要用左手手指将立面量顶足。本节略去制作女装手巾袋的环节，重点介绍斜袋加小钱袋的设计和制作流程。

一、袋盖设计与制作

1. 袋盖设计

图片所示案例是匹配女装大戗驳领的袋盖设计。大戗驳领具有较为夸张的斜线形态，袋盖的造型需与服装整体款式、设计风格相协调，与领型相匹配。依据设计需求确定袋盖为斜线造型，然后在衣片上设计斜线条的袋位，使用划粉画线标记。

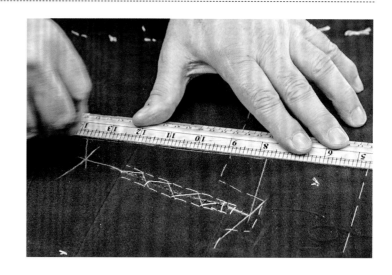

2. 袋盖面料与里布的裁剪

在预留余料上选择一小块面料，在袋位划粉标记线上比对这块面料与衣片面料，确定两者丝缕方向一致后，用划粉在这块面料上标记袋口两端位置。

精确裁剪袋盖面料与里布。裁剪时，袋盖面料的下口边及两侧边留1cm 的缝份，与衣身缝合的袋盖上口边留 2.5cm 的缝份。袋盖里布用已经裁剪好的袋盖面料裁片复制裁剪即可，裁剪时需注意预留里外匀量。

3. 袋盖的里外匀塑型

首先在需要缝制的袋盖下口与两侧的每一条边上确定里布比面料少0.3cm的里外匀量，然后在手针缝制时加入手势，将袋盖弯曲，控制里外匀量，使得袋盖成品形成窝势，自然地伏贴于人体的腰腹部。

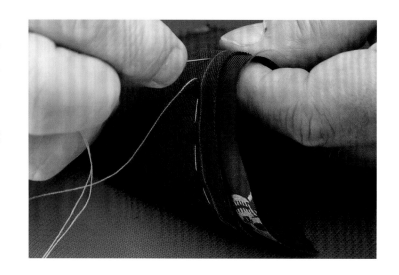

4. 车缝袋盖

利用手针做好袋盖的里外匀造型，并固定好面料与里布的丝缕方向后，再进行车缝固定。

提示：车缝时，左右手需配合操作，确保将袋盖的里外匀量纳入其中。缝制到袋盖转角部位时，需要调整车缝针距，在转角处减小针距的同时，确保袋盖两个弧形转角的造型一致。

5. 缝份处理

修剪缝份，使面料、里布的缝份产生错落层差，面料直边缝份保留量大于0.2cm，里布直边缝份保留量等于0.2cm。然后将袋盖反面朝上，套在飞机木架烫台上分缝熨烫，再翻到正面，用双手大拇指和食指捏住其边缘来回反复搓揉，使袋盖的止口边平整、成型。

将已成型的袋盖止口边用手工平针固定丝缕，同时起到装饰作用。

提示：缝制前用左手的食指和大拇指将里布往里纳进一定的里外匀量，沿着距离袋盖边缘 0.2cm 处用手针绷缝固定顺直的丝缕，缝制时仍需左手辅助造型，形成里外匀趋势。

6.立面熨烫

按丝缕方向顺势压烫袋盖的三条止口边，熨烫的同时需检查袋盖边缘的丝缕是否顺直以及转角的造型是否符合设计需求。熨烫好止口边之后进行整体熨烫，操作时左手将袋盖局部提起形成窝势，使熨烫部位完全处于平面状态，熨烫定型袋盖。

7.袋盖与衣身的匹配

根据设计要求预估袋盖尺寸，并将袋盖放在衣身上进行比对，观察袋盖的形状和大小是否与服装整体造型相匹配。在衣身上确定袋盖尺寸后，用划粉精确地画出袋盖的形状。

确定好袋盖尺寸后，需要按照前文所述的方法，利用手针做好袋盖宽度方向的里外匀造型，固定面料与里布的丝缕方向。

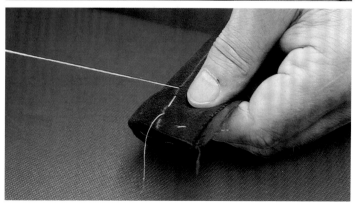

二、缝制袋盖

1. 绷缝袋盖

本节案例中，袋盖采用了厚实的绒质面料，故将其设计为假口袋，以袋盖的造型来呼应服装整体设计风格，因此不需制作袋布，只需用手工基础平针将袋盖绷缝在衣片上预先设计好的袋位处即可。

提示：缝制前，需要裁剪一块起到加固作用的细棉布垫在衣片下。缝制区域必须保持平整。

2. 车缝固定

利用车缝加固袋盖。缝制时，左右手必须将衣片抬高，使车缝区域保持平整，起针与收针需打回针固定。

3. 缝份处理

当车缝斜袋盖到衣片上时，袋盖一端的缝份会外露，需将此处的缝份作剪角处理，再将毛纱折进后用面料同色线以手针固定。

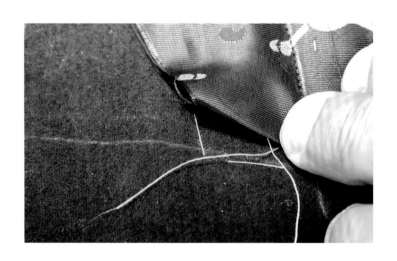

4.手针切线

将袋盖的缝边修剪出错落层差，然后翻折下来，用面料同色线在立面上以手切珠边针法塑造袋盖造型，切针时左手中指一定要顶实，并减小针距，袋盖的立面造型才能结实。

5.加固垫布

手缝八字针固定袋位反面起加固作用的细棉布。这块细棉布一般跨区域较长，可将其一端固定在侧缝缝份上，另一端固定在前片衬料上。

提示：缝制八字针时注意保持窝势，避免牵扯外部造型。

三、制作小钱袋袋盖

本例设计的口袋是上下平行的斜袋加小钱袋。位于斜袋上方的小钱袋的制作方法与上文所述的斜袋袋盖的制作方法相同，只是其袋盖在衣片上的位置与斜袋的袋盖不同。在将小钱袋的袋盖缝制到衣片上之前，需要按照衣片的立面形态对袋盖进行塑型。

上衣贴袋精工艺制作

　　本节介绍的贴袋造型为大圆袋。从设计的角度来说，贴袋是体现服装整体风格的重要元素之一，其不仅具有实用功能，在视觉审美方面也起到重要作用。贴袋外轮廓线形态需与上衣整体轮廓线形态匹配，以及与所在人体局部立面形态匹配。

一、袋型模拟

　　贴袋的袋位在线钉工艺环节已经制作完成，在本节的制作环节中，需要按照口袋造型剪裁袋布，在衣片上模拟贴袋效果，并根据衣身腰腹部立体效果来确定其上下口的弧度。大贴袋的袋面需要配制一块起到加固作用的细棉布，以免因长期使用而导致袋面变形。

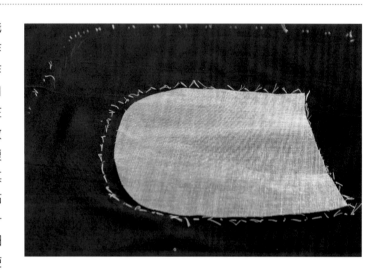

二、大贴袋制作

　　缝制时，需将大贴袋的袋面和衣片置于与人体腰腹部立面形态相匹配的弧面工具上，制作出大贴袋的立体造型。

三、胸部贴袋制作

　　胸部贴袋造型需要匹配人体胸部立面形态，与大贴袋相比，其上下口弧度更大。如图所示，胸部贴袋的上口弧度远大于大贴袋的上口弧度。

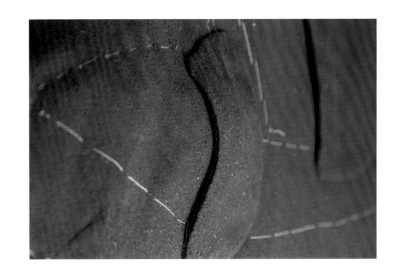

四、效果检视

　　手工高级定制服装的贴袋均在服装立体状态下使用手工串口针法缝制而成。缝制后，需检视胸部贴袋与胸部立面形态是否匹配，以及大贴袋与腰腹部立面形态是否匹配。

第三章

上衣前片止口
精工艺制作

- -

　　上衣除了需满足顾客穿衣平衡外，在细节方面也有很高的工艺质量要求，其中最重要的当属领子和前片止口的工艺品质。前片止口是整件上衣的重要部位，包括驳领止口、扣位止口、下摆止口。止口制作是一项复合性的工艺，需要塑造多个立面形态，而且每个部位的造型均有所不同。高级定制行业衡量一件上衣制作工艺是否上乘的方法之一便是触摸止口边的厚薄，以及观察止口的里外匀窝势。

　　不同款式的西装上衣，其驳领和下摆止口形态有所不同。对于有翻驳领的款式来说，应在完成前片口袋制作后重新熨烫整理立面胸型和衣片丝缕，将余量推出，用布牵带加以固定并以此作为胸部与翻驳领的分界线，然后通过手工立面切缝来塑造翻驳领的立面形态。上衣前片止口的每道制作工艺都必须先进行手工塑型，塑造出立面形态后，再进行精工艺加固，其制作效果与工艺师的技术能力和手工缝制经验等因素密切相关，制作工艺上乘的上衣前片止口具有薄、顺、挺、窝的效果。本章讲解两种不同的止口制作工艺，以加深读者对相关工艺的了解。

驳头的立面造型

驳头的立面造型是通过在立面衣片上手工扎驳头的工艺来实现的，驳头部位有面料、扣布和毛衬三种材料。手工扎驳头时需掌握起针位置、行针方向、左手的卷法、根据不同区域采用不同针法等工艺细节的处理技巧。

一、纳缝驳头牵带

使用细长手工针及与面料同色车缝线，从翻驳线的牵带位起针，以手工八字针扎牵带，在牵带局部区域纳入吃势量。扎衬的针距需紧密，使牵带的吃势得以完全被纳进。

二、驳头扎衬

完成纳缝驳头牵带后,需沿翻驳线将驳头朝外翻,固定造型后再开始扎衬。驳头扎衬时,左手中指顶起面料,右手下针时垂直于左手中指顶起的面料,待针尖触及左手中指时立即回针。

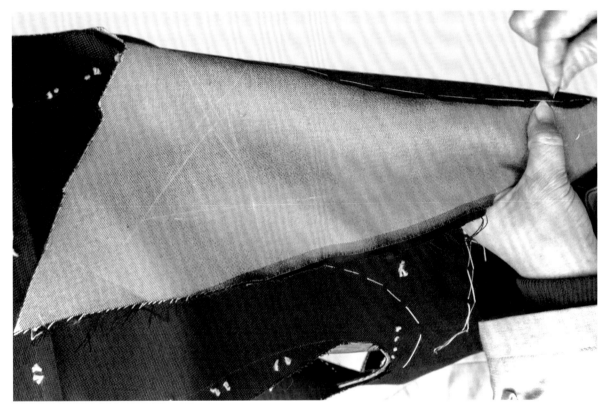

提示：操作时要求工艺师技术熟练，下针与出针时需注意手指的安全。

三、领角扎衬

领角扎衬时，随着左手从里到外倒退行针，将里外匀量顺势往外推，扎到划粉线位的止口边，再重新从里到外倒退行针扎馓驳领的领尖，驳头尖角区域的八字针方向与驳头处呈 90°。塑造领角的形态时，左手的食指卷起尖角，右手下针时，待针尖触及左手食指再起针，使领角产生更好的窝势。

驳头尖角区域

上衣止口精工艺制作（方法一）

本节所介绍的全手工覆前片止口牵带及挂面的精工艺制作流程主要分为四步：（1）用油光棉布作为衣片止口牵带，通过设置不同部位的吃势量来完成牵带在止口上的基础造型，使其具有自然挺括的外观；（2）手工折进衣片止口边，这是塑造止口形态的关键环节；（3）在挂面上折出与衣片止口形态相匹配的止口边，并保持各部位相应的里外匀量；（4）将衣片止口和挂面止口正面叠合进行手工缝制，操作时需用左手塑造出缝制区域的立面形态。

一、全手工覆止口牵带

在完成驳头扎衬造型后，需要再次立面熨烫整理前片丝缕，复核前片尺寸，画准前片止口线，并进行止口面料和衬的错层修剪，然后开始全手工覆前片止口牵带的精工艺制作。

1. 确定止口形态

第一道手工缝缉线的作用在于确定止口形态。用棉线在止口的划粉线上以手工基础针按弧线段的针距要求缝制一道线，应比直线段的针距密。然后翻转衣片，在面料的反面可见清晰的止口形态。

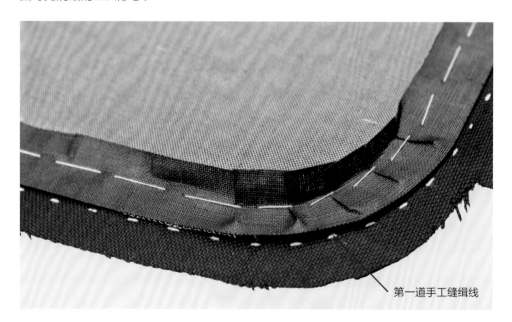

第一道手工缝缉线

2. 固定止口牵带

第二道手工缝缉线的作用是塑造牵带止口形态。用白色棉线，在深色牵带的正中间以手工平针进行缝制，将止口牵带固定在衬上。缝制时，将牵带的外缘对齐第一道线迹。

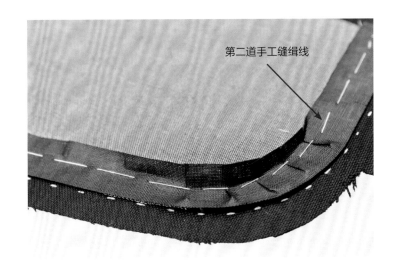

第二道手工缝缉线

3. 止口形态造型

由于止口形态由弧线和直线结合而成，故需要对牵带进行塑型，特别是下摆转角处的弧度要转顺，对于内侧褶皱可以做剪口处理，使其平整伏贴。

提示：（1）对弧形下摆止口塑型时，需略拉紧牵带，使其产生向里的窝势；（2）对扣位止口塑型时，需顺直牵带，加密针距，使扣位段具有一定硬度；（3）对驳领止口塑型时，领尖交界处需要以斜角方式剪断牵带并交叉折叠以使其更平顺，在交叉处需以多针加固。

4. 加固止口牵带

第三道手工缝缉线的作用是加固止口牵带，增强牢度。用面料同色线以手工斜针缝制固定牵带内边线与衬。

提示：加固牵带时，驳领段可以连同面料一起固定，扣位段到下摆段只能固定牵带与衬，牵带的接头处必须使用交叉针法缝制。

第三道手工缝缉线

缝制下摆段时，用左手中指顶住面料，右手下针时要感觉到衬和面料层次分明，缝线只能绷缝在衬上，不能绷缝到面料上。

5. 熨烫定型

熨烫定型三道手工缝缉线。将半边衣片立靠在驼背木架烫台上，使得前止口摆放平整，熨烫整理止口牵带。

二、翻止口精工艺

1. 绷缝面料折边

沿止口的牵带外缘和线钉符号折进面料的缝份，用面料同色线以平针绷缝固定止口缝份。整个止口线段的立面缝制精工艺包括下摆的内窝、扣位的平直、驳领下方的外窝和领尖的外窝。

2. 领角精工艺细节

在领角处，左手整理横向丝缕和塑造领角造型，右手缝制固定领角造型。缝制出来的领角必须非常结实、整洁。

细节处理一：在领尖缝份处横向缝两针，以便加固领尖；将固定点上端多余的缝份剪去一个小三角，使将要翻折的领尖缝份量变小。

细节处理二：将缝份三角剪口上端多余的横丝抽掉，使得成品领尖的缝份量更小，将直丝捋顺归进缝份内部，再进行手工精缝固定丝缕，确保成品领尖的止口边更薄。

提示：抽取横丝时，不可过于靠近领尖，至少保留 0.2cm 的缝份量，留出余量后再折进缝份，以免领尖出现毛纱外露现象。

细节处理三：用左手大拇指和食指控制领尖的形态和结实度，右手用针头挑拨修正丝缕，在确定领尖形态满意后，以手工缝制固定。

细节处理四：熨烫整理丝缕，将半边衣片立靠在驼背木架烫台上，使前止口边完全平铺在烫台上，用熨斗的前端逐步逐段熨烫归正止口折边的面料丝缕后，静置待其冷却定型。

三、手工精缝挂面

1. 设置内袋油光棉布

按照款式要求，在此款服装的挂面上需设置精工艺制作的内口袋，工艺上采用高品质油光棉布覆合挂面，以加强口袋的牢度。

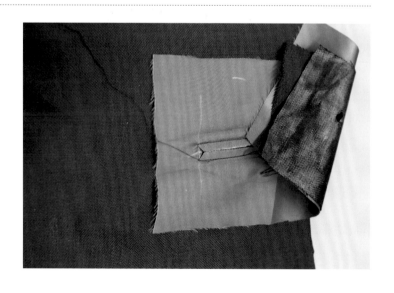

2. 立面缝制内袋

制作内袋时，需使其匹配内袋所在部位的人体立面形态，每一道工序必须在弧面上操作，以确保成品内袋的立体效果。

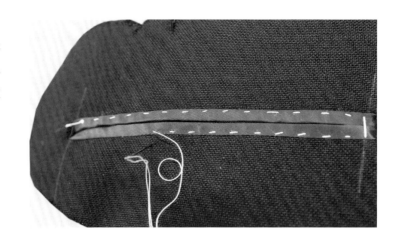

3. 手工合挂面细节处理一

合挂面除了挂面需匹配衣片止口形态外，还需确保整体完成的挂面止口形态符合质量要求，达到下摆内窝、扣位平直、驳领外窝的工艺效果。在完成内袋制作后，再塑造挂面止口形态。将挂面边按丝缕方向烫进0.6cm的缝份，开始将挂面和止口用平针作手工基础缝合。

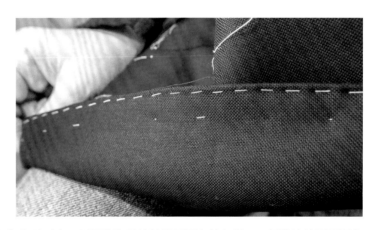

提示：手工基础缝合可以使挂面造型符合人体立面形态，驳领外翻段的挂面需要有外匀量，下摆处的挂面需要有内匀量。缝制时，可以利用腿部模拟人体立面形态，制作窝势造型。

4. 手工合挂面细节处理二

挂面领角的工艺处理方式与上文介绍的止口领角处的工艺处理方式基本一致，将挂面止口缝份按照线钉符号翻折，用面料同色线以平针绷缝固定止口缝份，领尖处按照领尖造型折叠缝份，横向缝两针加固领尖，将固定点上端多余的缝份剪去一个小三角，再抽掉多余的横丝，捋顺直丝，归进缝份，用手工缝制固定丝缕。

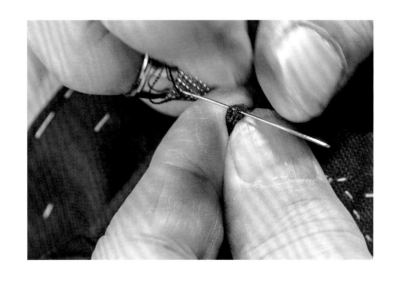

5. 手工合挂面细节处理三

使用面料同色线精缝制领角，塑造领角形态。先将戗驳领部位对折，塑造出曲面，然后左手捏住缝制区域的丝缕，右手使用串口针精缝领角。

6. 手工合挂面细节处理四

手工精缝整个挂面。左手塑造里外匀的斜面，右手使用串口针进行精工艺缝制，固定里外匀形态。

7. 手工合挂面细节处理五

熨烫止口边的丝缕。将衣片置于熨烫工具上，使前止口处于平铺状态，核查驳领部位的里外匀、扣位段止口的丝缕和下摆部位的里外匀后，进行熨烫整理。

四、挂面的立面形态造型

1. 立面形态造型细节一

在缝合挂面与前片止口时，已经在挂面上留出与胸部立面造型匹配的余量，使得挂面内侧边微微拱起，可以满足挂面内侧边跨越胸、腰、腹立面造型所需。

2. 立面形态造型细节二

绷缝挂面驳领。需要先满足挂面横向的翻折量，再处理纵向的内侧边。制作时将驳领的翻驳线放在台面的边缘，让驳领自然下挂并产生足够的外翻量，用斜针在翻驳线上固定住翻折量，以便满足翻折驳领的窝势，并固定住驳领的面料丝缕。

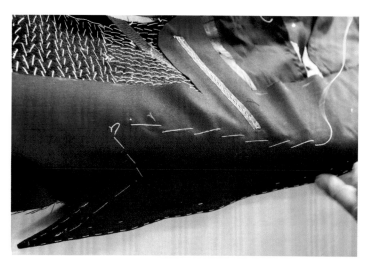

3. 立面形态造型细节三

绷缝挂面内侧线。在满足立面造型效果的前提下，用长针在距离挂面内侧边 2.5cm 处手工绷缝固定丝缕。

4. 立面形态造型细节四

固定挂面内侧边的面料丝缕后，再制作挂面边缘在胸部的收口。完成胸部立面形态造型后，整理挂面边缘的丝缕，再用回针固定胸部的挂面直至内袋上方，如图所示，在内袋上方改用斜针缝住挂面和胸衬，所缉缝的线迹形态似 L 形。

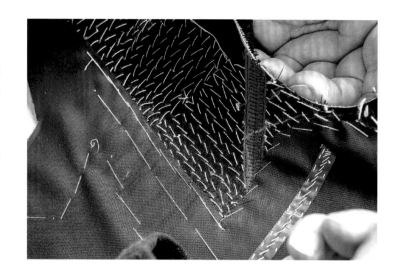

5. 立面形态造型细节五

手工精缝加固挂面。用面料同色线和细短手工针，以手切珠边针从胸部内袋上方绕口袋往下精切至胸部末端，缝制时只切住挂面和胸衬。

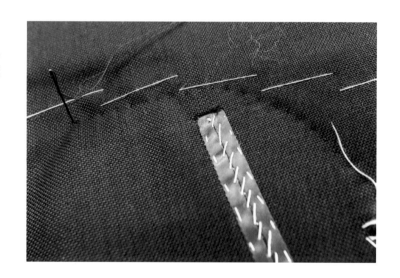

五、立面检视工艺效果

与以机器缝制为主的制作方法相比，全手工制作的止口无论视觉效果还是手感质量都要好很多，可以说很多精湛的手工技艺是机器缝制无法替代的。

上衣止口精工艺制作（方法二）

　　除了手工覆前片止口牵带及挂面的制作工艺，还有一种常用的制作工艺，即在手工覆合牵带时，通过立体塑型手法与相应的针法固定止口的里外匀造型，再用车缝加固止口，并辅以熨烫整理塑型，完成止口的制作。需要强调的是，车缝覆挂面也需要经过一系列的手工立面塑型工艺。其工艺流程主要分三步：（1）在衣片的止口划粉线外1cm处修剪止口边，在胸衬的止口划粉线内0.2cm处修剪止口边，然后覆上里布牵带，其作用在于塑造衣片止口的立面形态以及固定衣片胸衬；（2）将已经裁剪好的挂面合在衣片上进行止口立面造型的手工基础固定；（3）采用车缝工艺加固止口。

一、手工覆止口牵带

1. 第一道线固定丝缕

选用紧致的里布作为牵带，按照前止口造型将 2cm 宽的牵带平齐覆盖在前止口边缘，使止口衬的边缘位于牵带中心线上，然后用平针手工绷缝固定牵带。第一道线的作用是塑造衣片止口的立面形态，待前止口全部完工后会被拆掉。用手工平针绷缝时，需缝住牵带、止口衬和衣片面料。驳领的串口位置是一段平直的缝缉线，戗驳领角是由牵带裁剪成两个斜角形状，交叉重叠构成的。

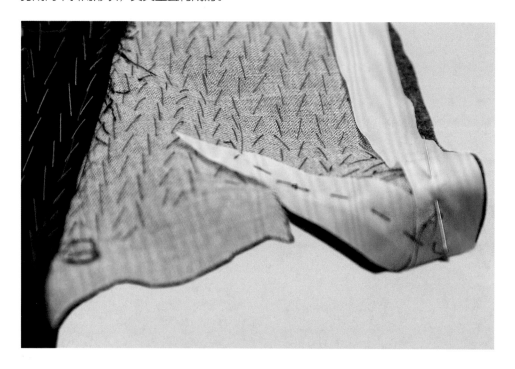

牵带从外翻驳领延伸到下摆，由于不同部位止口边的形态不同，覆牵带时需要运用塑型手法。外翻驳领段需慢慢将牵带转成弧线造型，缝制到驳领段与扣位段的交界处，需根据不同领型的转角角度确定牵带的造型，转角在45°以内无需剪断牵带，但需给予松量使牵带转直。扣位直线段的牵带是平直的，到下摆的转角处需拉紧牵带，进行窝势止口造型。

提示：用平针手工绷缝牵带时，需注意不同部位行针方式的变化。第一扣位段即驳领翻折处应减小针距；扣位直线段可以适当加大针距；绷缝下摆圆弧时，需略拉紧牵带，减小针距，缝制出圆顺的弧线造型。

窝势止口造型

2. 第二道线确定止口车缝线

第二道线的作用是将前片止口划粉线拷贝到牵带上标记车缝线的位置。通常使用与牵带色差较大的彩色线，沿着面料上已经画好的止口划粉线，用平针手工绷缝，线迹需保持顺直，且与精细的划粉线完全重合。

提示：注意不同部位行针间距的变化。直线段的针距可以大一点，弧线段的针距必须小一点，使弧线形态圆润饱满。

3. 第三道线固定牵带

第三道线的作用是将牵带牢牢固定在止口的胸衬上。用本色线，以斜针法进行精缝，在驳头部位可以缝住面料，其他部位只能缝住牵带和衬料。

提示：直线段的针距可以大一点，弧线段的针距必须小一点，使弧线形态圆润饱满。缝制时还需要注意加固牵带的接头处。

4. 整烫止口形态

用牵带塑造止口形态后，需要熨烫归整局部的形态。整烫部位包括驳领弧线段与扣位直线段的交界处，以及下摆圆角的窝势处等。

5. 精画止口线

在牵带上精画止口线。用直尺、弧形尺和削薄的划粉，在牵带上沿第二道手工线的线迹，重新画顺止口线，所画的划粉线越细越好。

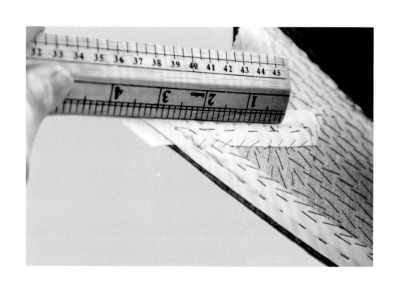

二、形态设计与止口匹配

1. 挂面裁剪要点

如前文所述，手工高级定制西装的挂面不是在裁剪环节中与衣片同时下料裁剪的，而是在完成止口造型以后，根据止口形态及衣身的胸、腰、腹造型需求即时裁剪的。裁剪时，挂面驳领最上端5~6cm的止口边必须保持为直丝缕，挂面止口弧线形态与衣身形态相同，挂面的长度与衣身相同，下摆宽度不小于12cm。

2. 固定驳领挂面丝缕

将裁剪好的挂面与衣片止口进行合缝塑型，以手工基础平针缝制固定驳领部位的挂面丝缕。从驳领部位起针，沿止口线内侧缝制，确保在驳领最上端5~6cm范围内，衣片与挂面为直丝缕。缝至驳领段与扣位段的交界处，需用回针加固。

3. 固定下摆挂面丝缕

缝至扣位段与下摆的中间位置时，需加回针，然后将挂面底部往里转动2.5cm左右，使挂面底部与衣片底部的缺口合拢，呈现闭合状态。

挂面内侧线必须包含一定的吃势量才能满足前片立面造型需求，在着装时才能保持内层挂面与外层面料造型相同，不会牵扯衣身面料。因此，在转动挂面时，需确保挂面的内侧线在前片立面上展开足够的吃势量。此时需要翻面继续缝制，并改用回针，以便加强缝缉线的牢度。如图所示，缝制完成后，下摆缺口已经合拢。

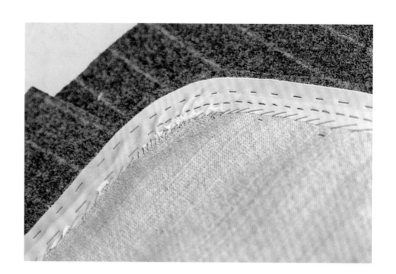

4.固定领角串口线

固定下摆挂面的丝缕后，将领角处的止口部位摊平放在台面上，通过手势在领角处横向推出一些吃势，吃势量等于领面外翻所需的里外匀量，然后用回针固定领角的串口线。

三、挂面与止口合缝后再加固

1. 完成挂面与衣片止口造型的手工基础合缝后，用缝纫机沿第二道绷缝线车缝加固。

提示：在下摆圆角部位需要调小针距进行车缝，以使转角弧度更圆顺。

2. 车缝至第一扣位时，需要调小针距。用双手控制机针周边的丝缕，保持止口的直线段、弧线段交界分明，同时必须保持扣位段车缝线条连贯、顺直、无断线现象。

3. 车缝至领角处需要调小针距，用双手控制机针周边的丝缕，确保领角圆顺，同时，必须保持车缝线条连贯、顺直、无断线现象。

四、处理止口缝份

1. 领型串口形态处理

保留左边或右边前片挂面串口上剪下来的小料，用于比对修剪另一边的领型串口，使左、右领角形态完全一致。

2. 修剪缝份

将挂面处缝份修剪成 0.6cm，止口处缝份修剪成 0.3cm，领角处因容量较小，缝份应更小。

3. 领型串口缝份熨烫

按照驳领形态，在飞机木架烫台上选择与之匹配的部位，将止口部位套上去，使用熨斗尖头部位，将止口边逐步逐段进行分缝干燥熨烫。由于串口部位较为窄小、精细，加之领型制作工艺质量要求较高，操作时需保持耐心，充分熨烫每一处缝份。

4. 下摆缝份熨烫

当烫至下摆缝份时，将下摆止口部位套在飞机木架烫台的另一头，依据下摆造型，将缝份紧贴于飞机木架烫台的圆背上。熨烫时需要一点点挪动熨斗的尾部，使下摆弧线段不起翘，直至烫倒缝份为止。

5. 止口整体熨烫

按照服装止口形态，在飞机木架烫台上选择对应位置，将整条止口缝份烫实，各部位熨烫的时间需保持一致。

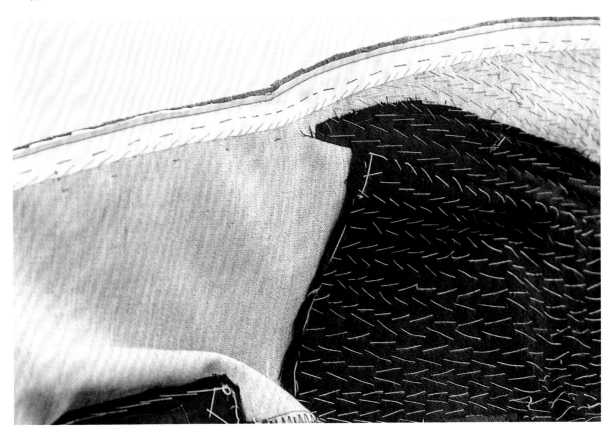

五、塑造挂面立面形态

1. 第一道线固定止口丝缕

在完成止口的整烫后，将止口翻至正面，用双手的大拇指和食指理顺缝份的丝缕和里外匀，在驳领挂面的正面以手工平针在距离止口 0.3cm 处手工绷缝第一道线，将止口边的丝缕形态作基础固定，同时固定止口的缝份量。

提示：绷缝时要根据止口边不同部位的里外匀要求，融入经验手势，依据各止口段形态塑造不同的窝势。

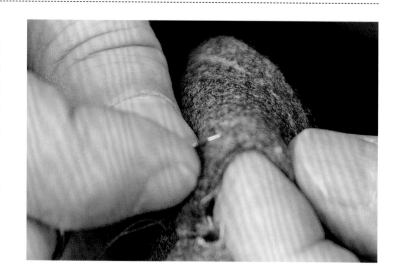

2. 第二道线加强止口形态

在距离第一道线 2.5cm 处，用手针绷缝第二道线，加强止口形态，其目的是塑造更加明显的立面效果。缝制到领角处，需要将领角窝进 90°，融入窝势后再以手针绷缝。缝制驳领及衣身止口时，将衣片放在腿上模拟穿着弧面，再以手针绷缝固定。

3.下摆立面造型

操作时需要有立体的概念，依据下摆所跨越的人体曲面形态翻折下摆，塑造出弧线造型，并用两道线绷缝固定。

4.丝缕整烫塑型

将前衣片平铺在台面上，使第一扣位以上的驳领部位自然悬挂在台面边缘，且挂面完全平摊在台面上，借助手势窝出戗驳领的里外匀造型后，用熨斗在平摊的挂面上进行丝缕整理熨烫。

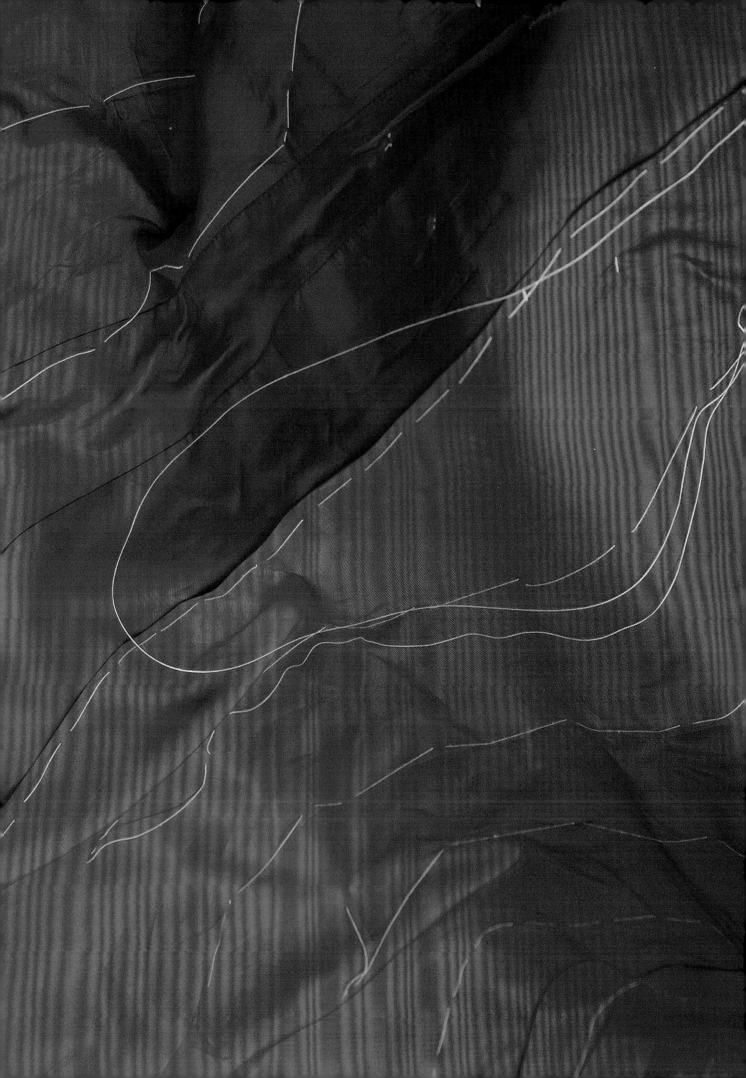

第四章
里布精工艺制作

　　手工高级定制西装上衣里布的裁剪与制作需要与立面造型衣片中所含的松量相匹配，在穿着时才能保证里布既含一定的松量，又符合人体肩、胸、腰、腹等部位的造型。里布的裁剪和面料一样，衣身和袖片由面料裁剪师依据顾客定制的款式裁剪，具体小部件则由制作工艺师在制作过程中配料裁剪。里布的精工艺制作是在已经完成衣片的立面制作后开始的，即衣身前片里布制作前需要完成挂面的立面制作，衣身后片里布制作前需要完成后片立面归拔，袖子里布制作前需要完成袖子的全部工艺制作。

上衣后片里布精工艺制作

一、里布后片中缝线塑型

　　以面料后片中缝线为准，确定里布后片的中缝折叠量，在其上段将 6.5cm 活褶量折进里布后片中缝，烫倒并局部固定。然后将里布后片中缝线与面料后片中缝线对齐，以手工平针将里布与面料进行基础固定，固定线位置如图所示。为了使里布后片能够与面料后片形态相匹配，缝制时需将后片背部置于大小头软垫沙包上，使其形成与后背形态相匹配的造型，以手工平针固定背部里布，同时纳入后背吃势量。操作时需将缝制区域周边 5cm 范围内的面料与里布整理平顺后方可下针。

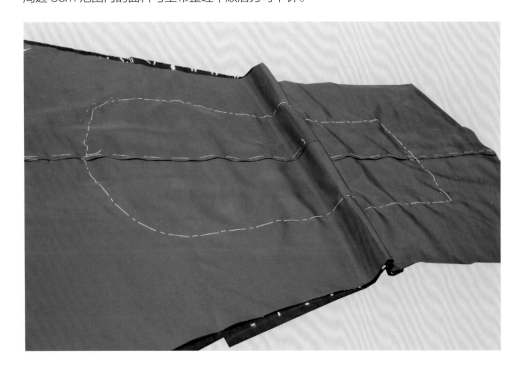

二、塑造里布后片腰部吃势量

完成立面缝制后，需要将衣片翻至正面，查看整个后片腰部吃势量，然后整理面料和里布的立面松量直到完全匹配，再修剪四周的里布余量。肩部、下摆和后衩底部位置的里布需要长出 2.5cm，侧缝处的里布需要比面料宽出 1cm 左右。

三、后衩位置里布的立体塑型

操作时，将臀部衣片置于软垫沙包上，使面料和里布同时呈现立面状态。衩位的里布折边方法主要有两种：方法一，将衩位段下层衣片的里布相对于衩位面料折进 0.2cm，衩位段上层衣片的里布相对于面料衩位折进 1cm，上下层衩位里布底边均相对于衩位面料底边折进 2cm 左右；方法二，将衩位段下层衣片的里布相对于衩位面料折进 0.2cm，衩位段上层衣片的里布相对于面料衩位折进 3.8cm，衩位里布底边折进量与方法一相同。两种方法的衩位里布手工固定都需要用左手塑造窝势，在软垫沙包上进行缝制。

上衣前片里布精工艺制作

手工高级定制西装上衣前片里布，通常是在前片挂面完成后按衣片尺寸裁剪的。精工艺制作时，需按照面料前片的立面形态对里布进行塑型，并将里布立面形态进行手工固定。

一、里布放量

上衣前片里布裁剪时需除去挂面部位后再加放里布与挂面的缝份量，侧缝和下摆需加放 2.5cm 左右的松量，前袖窿弧线长需要额外增加 5cm 松量，用于制作一个活褶。

二、里布立面塑型

先将前片和侧片里布缝合，再将前袖窿弧线上加放的5cm松量熨烫成活褶，并将里布前侧缝份折烫好，用手工平针将里布与挂面进行立面缝合。然后利用放量对里布胸部进行塑型，使其与前片立面形态相匹配，并以手工平针固定。

三、制作里布口袋

将衣身口袋部位垫在大小头软垫沙包上，使其产生与人体胸型相匹配的立面造型，用划粉在里布上绘制出袋位。

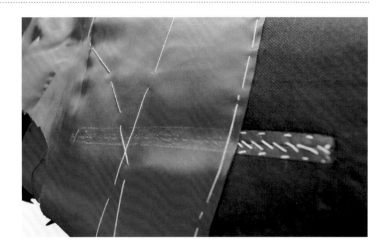

根据袋位划粉线剪开里布，尾端需剪出丫形小三角，折烫缝份，用手针在软垫沙包上绷缝里布，对袋口进行立面塑型。

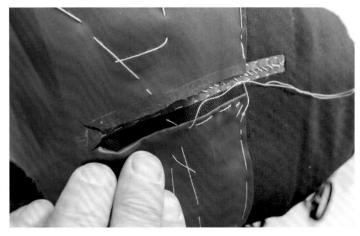

上衣前后衣片的立面合缝

　　手工高级定制西装上衣前后衣片的立面合缝工艺要点：（1）需要核查不同衣片之间合缝线的弧线形态是否相互匹配；（2）需处理好衣片侧缝线的 2.5cm 放量，否则此放量边会导致弧线展开不顺，产生牵制现象；（3）里布合缝需保持缝合部位衣身处于平展状态，并融入适当的松量，以手工平针缝合加固。

一、绷缝侧缝线

　　前后衣片立面合缝时，需确保衣片之间侧缝弧线形态相互匹配。缝制时，将后片侧缝线的边缝对准前片侧缝线放量边的线钉，确认胸、腰间的线钉对位、丝缕无误后，以手工基础平针绷缝固定。

二、车缝加固

　　完成面料正面丝缕、平衡度的确认并绷缝固定合缝线后，需采用车缝加固合缝线。由于这是条收腰的弧线，车缝时双手需辅助固定车缝部位周围的丝缕，确保对位点准确，避免因压脚与送布牙之间的摩擦力不均匀而导致上下层面料出现层差变形。车缝的线条必须保持连贯、顺直，无断线、接线现象。

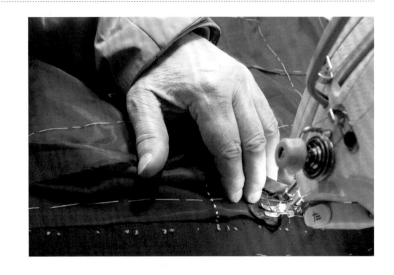

三、处理放量边

　　处理侧缝线 2.5cm 放量边的形态也是关键的一步。由于放量边较宽，在腰围处难以熨烫展平，因此需增加剪口，展开放量边。

提示：处理时在腰点位剪几个 0.3cm 深的刀眼，再将放量边对折，使其能够舒展，并用手工回针缝制以便能固定放量边。

四、熨烫整理侧缝线

侧缝弧线需要拔烫到位，才能使衣片丝缕舒展，结构线符合人体造型。

提示：操作时将放量边置于大小头软垫沙包上进行反复拔烫，使其弧形完全展开，再进行弧面的分缝熨烫，最后在正面进行丝缕整理熨烫。

五、里布侧缝合缝

在完成前后衣片侧缝线的制作后，再用手工平针缝合前后片里布。为了隔开面料与里布，可以在里布下垫置厚卡纸或者直尺，以免缝针挑到面料纱线。合缝时，腰部需有足够的吃势量，弧线部位需有足够的松量。

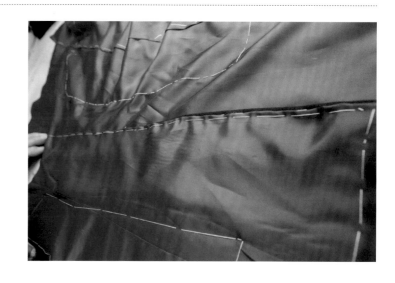

六、里布底边塑型

　　将里布在纵向留出一定的立面
松量后折进底边，里布底边比衣长短
2.5cm 左右。用基础平针固定里布，
缝针需距离里布底边 2.5cm 左右，以
便于后期在里布底边缲缝三角针。

第五章

肩部精工艺制作

肩部精工艺制作是对已完全呈现立面形态的前后衣身进行上口缝合的工序，工艺师需透彻地理解袖窿圈与领圈，这两个圈的立面形态必须与衣身立面形态相匹配，才能顺利完成肩部精工艺制作。在确定肩型后，肩部精工艺制作还需要综合考量的相关因素包括：（1）袖窿圈的立面形态，包括前、侧、后片袖窿圈形态和尺寸，袖窿圈的位置和倾向等，以及不同的背部、胸部特征对袖窿圈形态的影响；（2）领圈的立面形态，包括前、后开领线的形态和尺寸，领圈的位置和倾向，以及与颈部特征相匹配的造型等；（3）肩线的形态需要与肩颈部整体立面造型相匹配，不同风格的肩型，前片和后片肩线形态会有所不同，不同背型或者肩型，后片肩线的吃势量和吃势位置也会有所不同。

袖窿与领圈形态的精修再造

在制作肩线前，修正袖窿圈和领圈的形态至关重要。袖窿圈的形态与服装风格有关，例如，英式西装塑造的是胸、腰、臀的立体效果，其特点是前后侧缝线较长，故袖窿圈呈现深度浅、底部宽的形态。

一、修正袖窿圈形态

将袖窿圈部位平铺在台面上，在试样的基础上对袖窿圈的深度进行精确的修正，然后确定袖窿圈的宽度，确保袖窿圈底部有足够宽度。之后再使用弧线多功能尺辅助，绘制出修正后的袖窿圈形态。

二、修剪袖窿圈形态

　　画准袖窿圈形态后，修剪袖窿圈缝份。在前、后片肩点划粉线外保留2.5cm的放量，袖窿底部无需放量，但在后袖窿弧线上需保留2.5cm的放量。

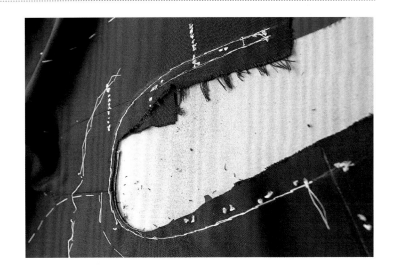

三、核对肩部尺寸

　　核对肩部尺寸需要先确定前片颈侧点，因衣片立面胸型塑造完成后，衣领翻驳线的位置产生了变化，需要在衣片上重新确定翻驳线的正确位置，再从前片颈侧点起量到肩点，核定前片小肩宽尺寸。

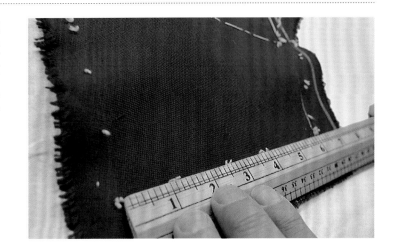

　　在前片小肩宽尺寸的基础上，结合顾客背部形态和面料的紧实程度，加入吃势量，确定后片小肩宽的尺寸。吃势量取决于背部形态和面料质地等因素。如果是圆背体型，则需要增大吃势量。

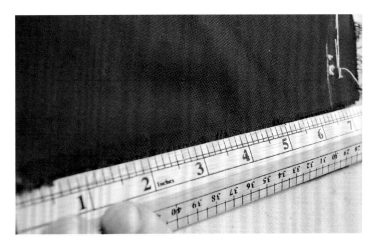

肩部造型及精工艺制作

为了使肩型达到理想的状态，要用削薄的划粉精确地画出肩线，然后手工缝制两道缝线，在肩部纳入吃势量，塑造肩型，待形态理想后再进行车缝，加固肩线。

一、手针缝合肩线

1.核对前后片颈侧点丝缕方向后，用手工平针缝合肩线。通常先缝合右肩，再缝合左肩。第一道缝线从颈侧点起针，缝至肩点，针距约1cm，缝制时根据造型需求用左手大拇指逐步推送吃势量，均匀地纳入针距内。

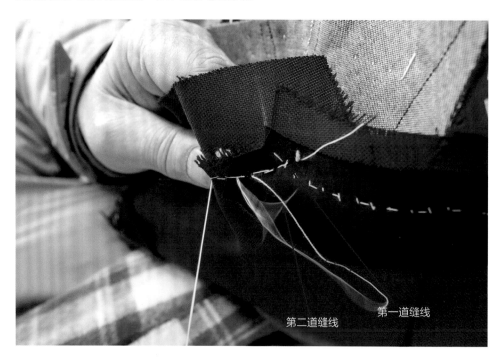

第一道缝线

第二道缝线

2. 第二道缝线是在第一道缝线的基础上完成的。检查第一道缝线的缝制质量，然后在已经纳入吃势量的针距里交错缝制第二道缝线，其作用是归正前后肩线丝缕，将吃势量完全固定。肩部吃势量通常在 1.3cm 左右，具体吃势量需根据面料性能和肩宽尺寸而定。

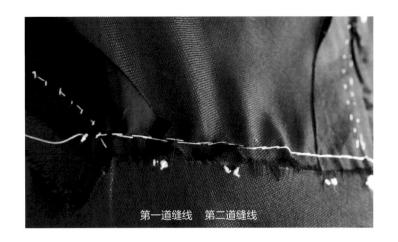

第一道缝线　　第二道缝线

3. 缝完右肩后，再缝合左肩。缝制左肩时，先用针线固定前后片颈侧点，然后从肩点起针，缝至颈侧点。手工缝制的方法和右肩相同，如果顾客后背左右对称，左肩纳入的吃势量和吃势位置也和右肩相同。

二、车缝固定肩线

在完成左右两条肩线的手工缝合后，根据肩部的划粉线车缝肩线。

提示：在车缝时需要用左手按住上层衣片，右手按住下层衣片尾部，防止丝缕变形，确保车出来的肩线形态完好，吃势量均匀分布。

三、整烫肩型

将衣片肩部反面朝上置于烫凳上，进行分缝熨烫，整理肩线。

提示：熨烫时，由于前后片肩线的缝份量不同，处理方式也不同，前片需要拔烫2.5cm的放量，后片需归烫吃势量。

四、整理颈侧点丝缕

将衣片肩部正面朝上套在烫凳上，以颈侧点为中心整理前后片的丝缕。

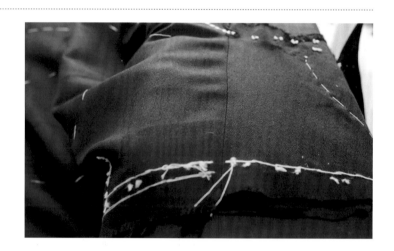

五、整理肩线丝缕

用左手托起肩部，整理肩线丝缕，将左手的手心转向前肩并且保持手心内窝，将右手压在左手衣片上，以拍手的手势对压，塑造前肩内窝形态，然后再从颈侧点起针，在肩线上用手工平针固定肩部丝缕，缝至其1/2位置为止，待置入肩棉后改用八字针缝制固定肩棉。

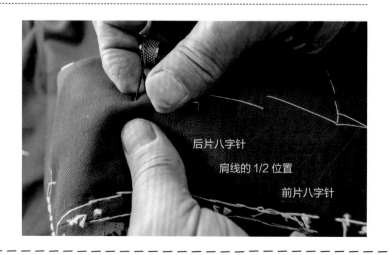

后片八字针
肩线的1/2位置
前片八字针

六、置入肩棉

  在置入肩棉之前，需要按照肩部形态对其进行熨烫塑型。在肩线的 1/2 处放入肩棉后，改用八字针连线缝制前片肩棉，再倒退行针，用八字针固定后片肩棉。

后片八字针

前片八字针

七、缝合肩里布

  将大小头软垫沙包叠放在烫凳上，再将衣片肩部反面朝上套在沙包上，折叠里布的肩缝线，确保后片里布含有足够的吃势量，然后以手工平针固定。

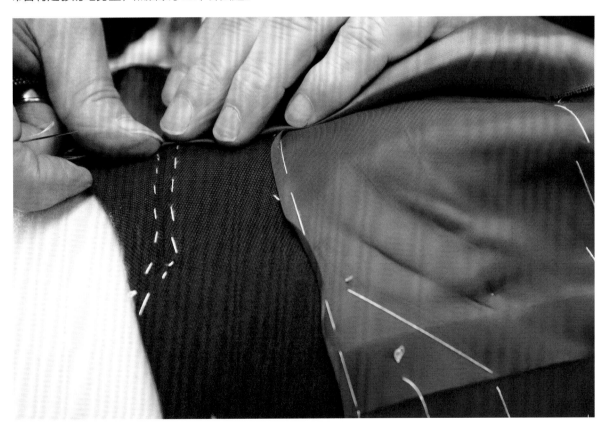

后片八字针

八、检视肩部造型

熨烫整理后，将上衣穿在人台上，检查前后片肩部丝缕是否顺直，肩部造型是否立体，以及是否符合定制设计要求。

第三节

圆背体型的
肩部造型及精工艺制作

圆背体型的后片上半段的尺寸比常规体型更长，后袖窿圈的弧度比常规体型更大，需要借助一对后袖窿圈棉作为填充物，起到补正作用。

一、制作袖窿圈棉

袖窿圈棉的材质与肩棉相同，其内圈贴近袖窿圈，外圈朝向背部。将袖窿圈棉和面料合并塑造出立面形态后，在袖窿底部用手工针固定袖窿圈棉的丝缕方向。

内圈

外圈

二、置入袖窿圈棉

制作好袖窿圈棉后，用肩棉和袖窿圈棉塑造肩部形态。在缝制肩棉后片时，将袖窿圈棉覆盖在肩棉上。

三、塑造袖窿圈棉

对于圆背体型来说，袖窿圈棉与肩棉的重叠量取决于圆背的形态，此时需要对背部的立面形态进行评估。评估时，可以使用软垫沙包的弧面或者人台的弧面准确模拟定制顾客的圆背形态，然后用手针固定袖窿圈棉的造型。

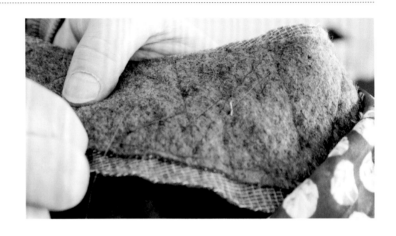

四、塑造里布圆背量

对于圆背体型来说，在缝合前后片里布的肩线时，后背的吃势量比常规体型更大，后袖窿的长度需要根据定制顾客的圆背形态而定。缝合里布时，需用有硬度的直尺或者硬纸板隔开面料与里布，以免缲缝到面料上。

五、检视圆背形态

用手托起肩部，模拟前后肩造型，检视后袖窿圈及肩部形态。

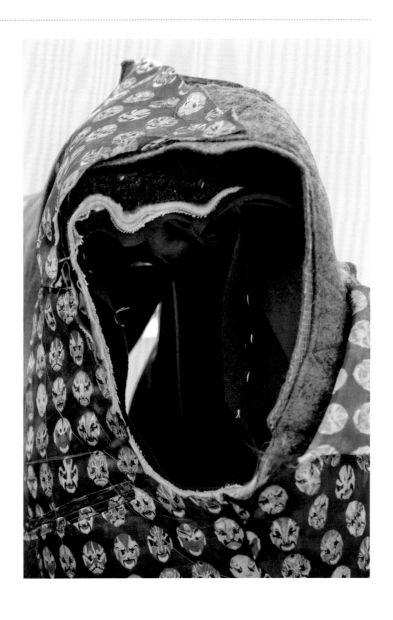

第六章
绱领精工艺

手工高级定制服装的衣领制作工艺要求是前驳领贴胸、后领座的上下口贴后颈、前领座贴侧颈。本章通过两个案例详细介绍两种领面的高定精工艺制作方法，解析如何通过手工精工艺绱领，使得立面领衬完全匹配上衣领子与顾客颈部。

领衬与领圈的
立面造型及精工艺制作

一、核对尺寸

核对尺寸，对领面止口造型进行确认和画样。确定领面的宽度与止口外口围度，并确定领型，以领面的外口弧线落在人体肩膀上为最佳效果。一般情况下，领座后中尺寸为 3cm，领面后中尺寸为 4.5cm。定制服装的领座尺寸应在此基础上适当调整，以匹配顾客颈部尺寸。

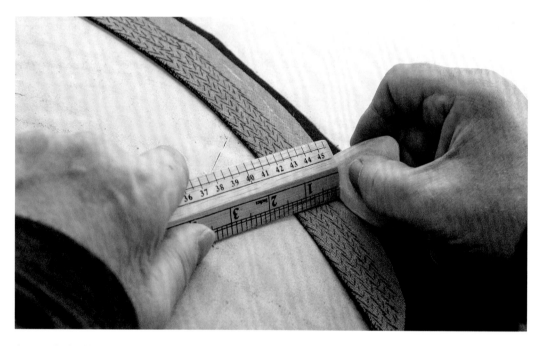

提示：在缝制领衬与领圈前，要先进行领衬的手工扎衬和熨烫塑型。领衬的材料以及手工扎衬、熨烫塑型的方法可参阅本套书第 2 卷《毛样缝制技术卷》中的相关内容。

二、修剪领衬

　　在确定领座、领面的后中尺寸后，还需塑造领面止口边的整体形态，其关联因素包括衣身的驳领宽度和肩型。领子的外口围度与领子翻折后落在肩部的形态密切相关。修剪领衬边缘的弧线，使其恰好落在领圈的立面上。

提示：修剪时需考虑的关键因素还包括领面底边与串口线对接的弧线形态，通常肩越平，这段弧线的弧度越大。将领衬和领底呢分开修剪，领衬边缘的弧线需比领底呢多出 0.2cm 的量。

三、领圈形态再造

　　根据顾客的颈围尺寸与造型需求核对衣身的领圈造型并修剪余量，使其符合顾客颈部形态特征。修剪时需保留领圈上的放量。

四、缝制领衬与领圈

1. 将已经完成造型的领衬缝制到领圈上，使领衬边贴合领圈的划粉线。从后领圈中心点起针，先缝右边，再缝左边。缝制右领时，左手托起后领圈，从中心点起针，用手工斜针向右缝，以1cm 的针距缝合领座与领圈。

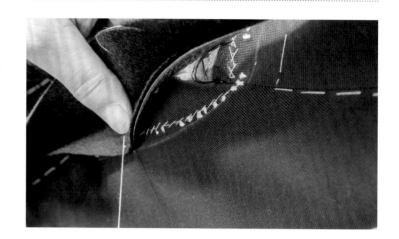

2. 当缝制到衣片颈侧点时需用多针加固，然后核对领衬和翻驳线交接处的丝缕方向，将领子的翻折线对接驳领的翻驳线，使其连成一条直线。

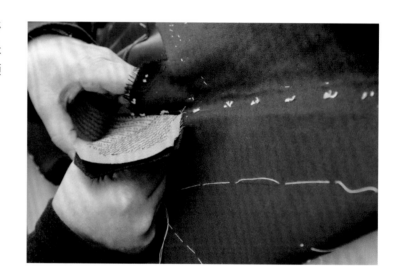

提示：每缝制一针都需要核对一下领衬和驳领的丝缕方向。操作时，左手按住缝制部位，右手拉住扣位处衣片，使其保持丝缕平顺，并且领子的翻折线与衣片上的翻驳线处于一条直线上。

3. 完成后，进行阶段检视。用手托起肩部，模拟穿着状态，观察领子的翻折线是否与驳领的翻驳线呈一条直线，翻领和驳领是否伏贴于衣身。

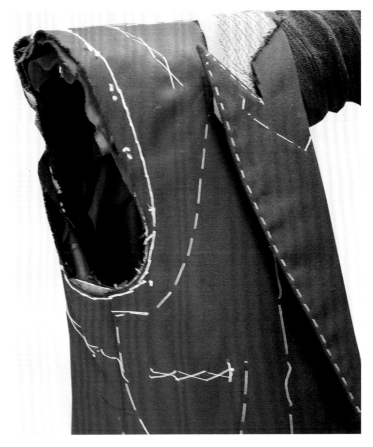

4. 缝完右边，再缝左边。同样从后领圈中心点起针，用手工斜针向左倒退行针，缝制时左手的食指和中指顶出领圈的立面,使领衬的弧边顺着领圈转。

提示：保持丝缕相互平直，一直缝制到颈侧点位置。

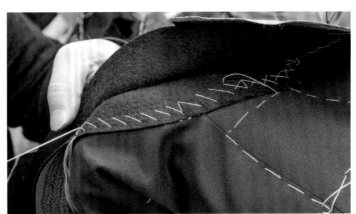

5. 和左边一样，用多针加固颈侧点，将领子的翻折线与驳领的翻驳线对接，使其连成一条直线。

提示：图中所示为工艺样衣，右边驳领部位未合挂面。实际操作中，此阶段前片应已合好挂面。

五、放量细节处理

因后领圈上有 2.5cm 的放量边，会影响领衬立面形态的塑造，需要在放量边上剪几个 0.3cm 深的刀眼，使其能够完全展开。

提示：定制上衣的后片衣身中缝线上留有放量，合缝时不要车缝到顶部，以免缝住放量边。

六、整体检视

将服装穿在人台上，观察整体效果。领子的外口弧线恰到好处地落在肩部，线条流畅、美观，领子翻折线紧贴人体颈部，且与驳领翻驳线形成一条完美的直线，扣位处翻驳线自然弯曲，富有活力。

精工艺缝制领面（方法一）

　　手工精工艺缝制领面是一项难度非常高的工作，其技术难点体现在如何依据领衬丝缕形态正确地定位领面丝缕，使衬和面料融为一个整体的立面。方法一的制作步骤是：从领面的外边起针，逐步向里缝制，边缝边推送丝缕，在塑造立面形态的同时，将面料与领衬之间的空隙往里赶，使得面料和领衬完全贴合为一体，然后再用手工平针固定领子两端的串口形态，这种方法也叫做领面纵向推丝缕缝制法。

一、塑造领圈

　　先将后片衣身合片，再按照人体肩部造型特征和款式设计需求塑造领圈。

提示：后片衣身合片时，需注意保持丝缕顺直、对条对格。

二、手工绱领衬

缝制前，先检查领衬的下止口边，领衬边缘的弧线需比领底呢多出0.2cm。所缝制的造型需经顾客试样并确认，领衬的下止口边弧线形态需符合人体颈部结构，紧贴颈根。

三、归拔领面

取裁剪时预留的领面材料，根据领子的立体造型归拔熨烫领面，归拔后的领面呈扇形展开。

提示：预留的领面材料一般长度为43~46cm、宽度为20cm。

四、缝制领面

在立面领圈上手工缝制领面。缝制时，将归拔好的领面铺在领衬上，理顺领面的丝缕，准备缝制第一道线，固定领面折边。

第一道线

1. 第一道线缝制领面折边

第一道缝线的作用是加固嵌进领衬止口边内的领面折边。需要先核对领面和后片衣身面料的纹理及丝缕是否匹配，并确定领面后中心点是否对齐领衬后中心点，然后修剪领面与领衬止口边，使两者造型匹配。

提示：需要处理的工艺细节是，将领面的1cm缝份量折进领衬和领底呢之间，并理顺缝份。

从领衬的后中心点起针，分别用手工平针向左、右两边绷缝领面。

提示：缝制时，需确保两边的丝缕方向与吃势量相同，领面左右对称、平衡。

用左手将领面窝出里外匀造型，右手在距离领底呢边0.3cm处下针。

提示：缝制时，需用左手将领面捏紧。

2. 第二道线塑造领面立面形态

第二道缝线的作用是塑造领面的立面形态，这道线平行于第一道线约2cm。缝制时，左手按翻领姿势顶出立面，右手对立面进行加固，针距控制在1.5cm左右。

提示：缝制前，需按照领面的立面形态理顺衬和面料的丝缕，使领面和领衬完全贴合。

3. 第三道线塑造领面上止口形态

第三道缝线的作用是塑造领面上止口形态。这道线位于领面与领座的分界线上，既有塑造收口的作用，又能排挤该立面区域里领面和领衬之间的空隙，使领面和领衬完全贴合在一起，形成一个整体立面。缝制时需要用手工斜针固定丝缕，使其无法松动。

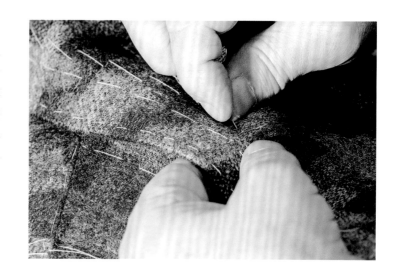

4. 第四道线斜向排挤领面与领衬之间的空隙

第四道缝线的作用是为塑造领子两端的串口形态做准备。第二道和第三道线都是在纵向排挤领面与领衬之间的空隙，第四道线是用缝线固定丝缕，斜向排挤领面与领衬之间的空隙。

5. 第五道线塑造串口形态

第五道缝线的作用是塑造领子两端的串口形态。按领子翻折形态塑造串口立面形态，并往两边排挤空隙，在确保串口立面形态完好的前提下，修剪领面的串口量，折进 0.6cm，并用手工平针缝制固定。

6. 第六道线塑造领座

第六道缝线的作用是塑造立面领座。先塑造弧形的领座上口，然后在距离领座上口 1.3cm 处用面料同色线以手工暗针缝制一道线加强领座（此缝线将永久固定在领座里侧）。同时，在领座里侧的放量边上剪几个 0.6cm 深的刀眼，使后领座面料在人体颈根部位得以完全展开。

7. 第七道线固定领座放量边

第七道缝线是用手工回针在领座线下方缝制，固定领座放量边所剪开的刀眼丝缕。

8. 整烫领型

将驳领放在大小头软垫沙包上，从扣位部位开始整烫领型。先熨烫翻驳线，再熨烫串口部位，但不可熨烫翻折线，需使其保持自然的翻折状态。

串口部位的熨烫塑型很重要，需注意细节，烫倒后使用驼背木架烫台压实缝份待其冷却，其目的是塑造稳固的串口形态。

将后领面转到大小头软垫沙包上，逐步归烫领座的上领口，操作时要一边用左手转动衣片肩部一边归烫，直到领口归圆为止。

9. 阶段检视

用手背托起衣片肩部，模拟着装状态，检视工艺制作效果与熨烫效果。如有需要，再次进行领部正面与反面的熨烫整理、塑型，力求达到最佳效果。

10. 加强细节熨烫

将后领座套在大小头软垫沙包上，在衣领反面沿领座下口的弧线反复熨烫，使其完全展开，观察领座上口形态的变化，并归烫上口。

将后领下的背部衣片置于大小头软垫沙包上，进行立面熨烫，塑造领座的周边形态，从领子逐步转向肩部，使整个领座及其周边得到全面熨烫。

11. 整体检视

将衣服穿在人台上，观察领子外口是否贴合衣身，翻折线是否紧贴颈部。

精工艺缝制领面（方法二）

　　手工精工艺缝制领面方法二的制作步骤是：将前片驳领造型整理好后，从领子两端的串口部位开始往中间缝制，这样能够确保左右串口造型一致，避免因缝制手势不同导致左右串口产生细微的差别，这种方法也称为领面横向推丝缕缝制法。其工艺难度大于方法一，领面的长度需完全等同于立面状态下的领衬长度，才能达到满意的缝制效果。

一、修剪领衬造型

1. 确定右边串口形态

　　将驳领立面铺在大小头软垫沙包上，用直尺绘制右边驳领的串口造型线，并标注串口的精确尺寸。

2. 确定领衬底边线

常规领衬的领面后中尺寸为4.5cm，领座后中尺寸为3cm。绘制底边线，使其弧线形态符合顾客体型。

提示：定制服装的领面尺寸需根据顾客颈部长度及设计潮流作适当调整。

3. 修剪领衬底边线

用中号剪刀的头部修剪领衬底边线，修剪时用左手托起领衬边缘，使其呈完全平铺状态。

提示：领衬底边线一定要按已经确定的立面形态修剪。

4. 确定左边串口形态

在立面上熨烫串口部位，使其丝缕完全清晰，然后用直尺绘制左边驳领的串口造型线，并标注串口的精确尺寸。

5. 阶段检视

将衣片穿在人台上，观察领子的翻折线与驳领翻驳线的对接情况，检查领子与肩部的贴合度，以及领衬外口边在肩部的展开效果。

二、归拔领面与确定串口线

1. 归拔领面

取裁剪时预留的领面材料，根据领子的立体造型归拔领面，归拔后的领面呈扇形展开。

提示：领面边和领座边拔烫的形态不同，领面的弧度大于领座。

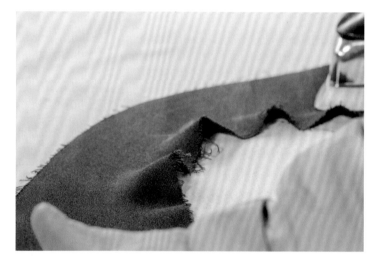

2. 领面丝缕定位

将拔烫好的领面置于立面的领衬上，判断领子上下左右丝缕是否对称、领面与领衬之间的空隙量是否合理等。

3.确定领面和驳领的连接线

制作开始前，准备好削薄的划粉，用左手指在领面上触摸下层串口位印痕，然后用划粉在领面上做标记。分别在下层串口位的两端画上交叉符号，标记串口线的长度。

取下领面，在工作平台上精确绘制串口线。

提示：由于串口线是一条斜线，斜线两端的交叉符号要绘制清晰，才能在后期缝制时作为起针和收针的参考，起到精确的定位作用。

4.薄料领角的处理

在着装时，薄料制作的领面两端翻下来刚好对应人体的锁骨凹陷处，领面容易起空。针对这种情况，可以设计一个工艺细节，即在领衬的领角部分缝制黏衬，加强领角的硬度，就可以避免此类情况发生。

三、缝制领面

先做好串口的缝制准备，将领衬和领面串口线的缝份量修剪为 0.6cm，然后反复校正领面两端与串口线的丝缕。

1.第一道线的精工艺缝制

第一道线使用细短手工针，以及与面料同色系的真丝线缝制。

缝制时，缝线要笔直，针距要均匀，保持 12 针 /2.5cm，每缝一针都需要看清上层丝缕再下针，在穿透下一层材料之前，掀开上层面料看清下层丝缕后再下针，即每一针都需要重新确认丝缕方向。

提示：为了保证串口部位在着装时呈现出立体状态，缝制时需要在立面造型中融入手势，缝制完成后需要分缝熨烫。

2. 第二道线塑造串口线形态

第二道线的作用是塑造串口部位的立面形态。在完成串口线分缝熨烫后，查看面料丝缕，左手塑造串口部位的立面形态，右手用手针固定串口缝份的丝缕方向。

3. 第三道线塑造串口延伸段形态

第三道线的作用是塑造串口线延伸段的立面形态。该区域位于挂面上端口，造型要点是用手工固定串口延伸段收口边的立面形态。

4. 第四道线塑造左领面领角形态

第四道线的作用是塑造左领领面领角区域的立面形态。此区域是后领面的最宽处，对应人体的锁骨凹陷处，对于立面造型的工艺要求最高。

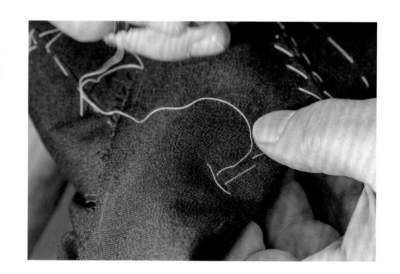

缝制时，左手塑造领角的立面形态，并排挤出多余空隙，右手用斜针缝制出一个角的区域，使领面和领衬完全贴合，同时确保面料丝缕顺直。

5. 领面区域造型工艺

完成串口线和领角部位的立面造型后，再分别进行领面和领座区域的造型制作。先制作领面区域，再制作领座区域。从领面的外口边开始理顺丝缕，用手工平针固定后，逐步将丝缕往领座方向赶。塑造领面立面造型后，在领面上继续使用第二、第三道手工线固定丝缕。

6. 领座造型工艺

用面料同色线在距离领座上口约1.3cm处以手工暗针缝制一道线，这道线的作用是加强领座（此线将永久固定在领座里侧）。同时，在领座里侧的放量边上剪几个 0.6cm 的刀眼，使后领座面料在人体颈根部位得以完全展开，最后用手工回针将展开的丝缕固定。

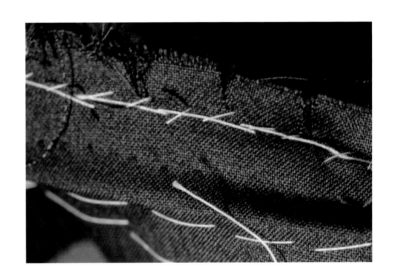

7. 阶段整烫造型

将衣领置于大小头软垫沙包上，烫倒串口部位，熨烫整理并塑造驳领翻驳线和领座上口的线条形态。

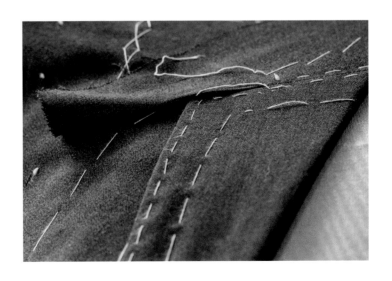

翻转衣片熨烫内部，将半个领圈套在立体的沙包上，熨烫挂面上端和后领座连接处的弧线，之后以手工针固定。

将衣片翻转到正面，通过熨烫使领面和领衬合为一体，并归烫领座上口弧形，烫出领面外口边的折痕印。

8. 精修领衬外口

在领底呢层上按 0.2cm 的量修剪整个领衬外口，使领衬和领底呢产生错落层差，形成阶梯状，以便将其边缘做薄。同时，按领面上的折痕印修剪面料的缝份。

9. 领面外口造型

按领面外口边的熨烫折痕印用面料包住领衬，在立面领面形态下逐步逐段折进面料的缝份量，塑造领面外口边缘形态。

10. 固定领面外口丝缕

用手工平针在领面外口边的缝份上固定丝缕。为避免制作中多次触碰而导致丝缕变形，缝制的针距需略小些，并用左手食指顶起缝制部位，塑造里外匀形态。

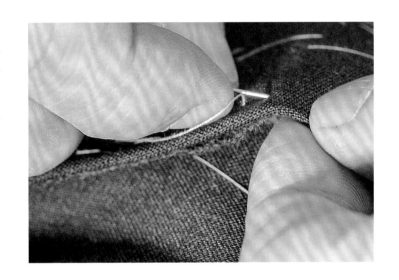

11. 塑造领面领角形态

缝制领面外口边时，将空隙量向两边推，确定领角的形态，将留有3.8cm左右的量折进，保持领角造型略有窝势。

12. 立面形态熨烫

将衣片肩背部位套在大小头软垫沙包上，使领子在沙包面上呈现半圈状态，形似穿在人体颈部。在用熨斗熨烫时，反复做归烫内圈和拔烫外圈的动作。

除熨烫领子外，塑造和熨烫领面外口边翻折后下落的肩背部位立面形态也非常重要。使用软垫沙包的不同角度逐步逐段熨烫肩背造型。

13. 内部细节处理

熨烫领子使其立体造型更加完美后，将肩背部位的反面朝外套在软垫沙包上，整理领座下口，查看后领布牵带和衣片后中缝线上口的封口高度，剪几个刀眼使其展开，避免牵扯现象。

14. 里布后领圈造型

核查后背里布纵向预留的背弓松量、横向预留的肩部吃势量，然后手工固定里布的后领圈造型。里布的直线折缝必须顺直，弧线折缝必须圆顺。

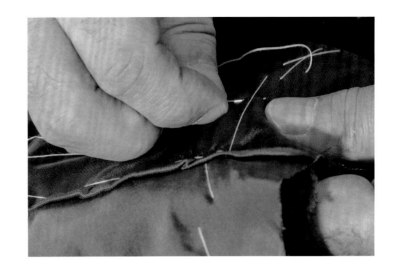

15. 整体检视

将衣服穿在人台上，从各个角度观察绱领效果。需要检视领子的翻折线和与之相连的驳领翻驳线是否完全紧贴在侧颈根上，检视领角、串口和驳领部位是否完全贴合衣身前片的人体锁骨凹陷处，以及外口边整体是否有里外匀的窝势。

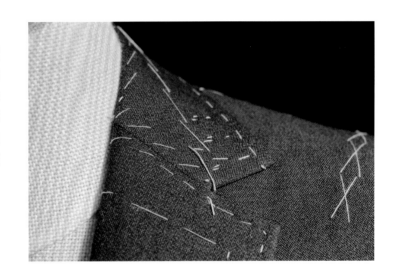

提示：从侧面观察绱领效果时，需检视后领座上口是否紧贴后颈且转角圆顺，后领面外口边的弧线形态是否自然流畅，并恰到好处地落在立体的肩背上。

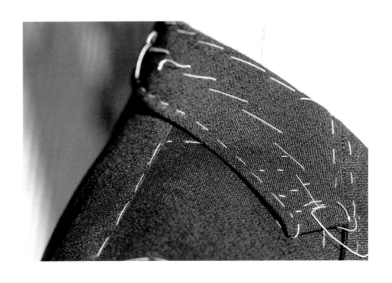

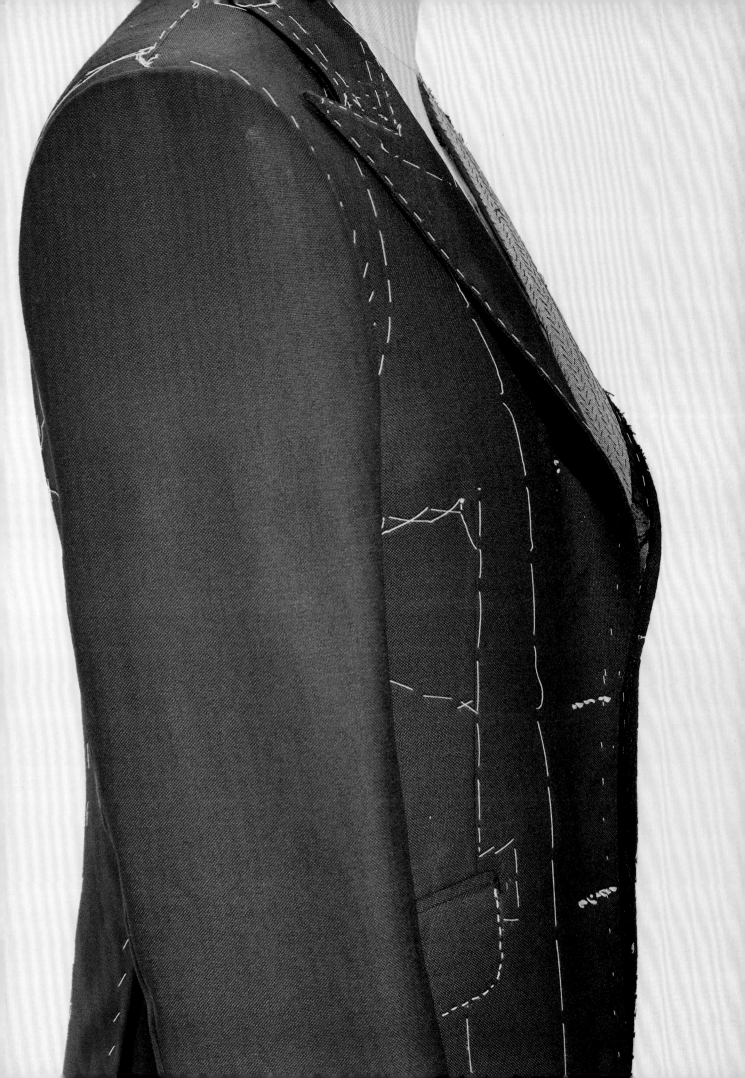

第七章

绱袖精工艺

    绱袖是将立面的袖山圈缝制到立面的衣身袖窿圈上。绱袖前需要先仔细阅读顾客订单和试样记录单,对顾客的手臂形态特征有充分的了解后,再根据顾客手臂形态特征修正袖窿圈形态。

袖口形态再造

　　手工高级定制西装袖口形态再造主要包含两个作用：从实用角度来说，可以使袖口具有较好的牢固度，袖衩及袖口不易变形；从美观角度来说，西装是正式场合的经典着装，袖口是视觉焦点之一，其风格必须匹配衣身挺拔的线条，因此在精工艺制作时可以使用细棉布加强袖口造型，塑造和提升袖口的形态美。

一、袖子自然弯势的归拔熨烫

1. 袖子内侧线合缝

　　袖子内侧线形态直接决定了袖子的外轮廓形态和袖口形态。在车缝前需核对大小袖片内侧线的丝缕与线条形态是否匹配，车缝中需控制大小袖片内侧线的丝缕方向，以免出现层差错位。

2. 熨烫内侧线丝缕

将袖片置于平面烫台上，分缝熨烫内侧线缝份，理顺丝缕。如图所示，将靠近操作者的小袖片整理成完全平铺状态，使内侧线成为弧线，此时大袖片呈自然多褶状。

3. 归烫小袖片

完成内侧线熨烫，使其形态清晰。然后以内侧线为分界线，将小袖片完全平铺在台面上，用熨斗按内侧线形态在小袖片上来回熨烫，使小袖片的丝缕走向和内侧线的形态完全一致。

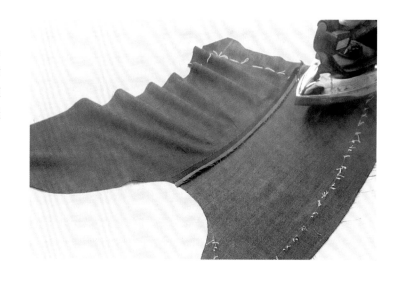

4. 归烫大袖片

完成小袖片的熨烫后，以内侧线为分界线，将大袖片完全平铺在台面上，此时小袖片呈自然多褶状。用熨斗按内侧线形态在大袖片上来回熨烫，使大袖片的丝缕走向也和内侧线的形态完全一致。

5. 检视袖子的弯势

将大袖片平铺在台面上，以内侧线为一边轮廓线翻折小袖片，使小袖片的线钉线对齐大袖片的缝份线，将其作为袖子的另一边轮廓线，检视袖子的自然弯势，确认袖子上的丝缕走向是否顺直。

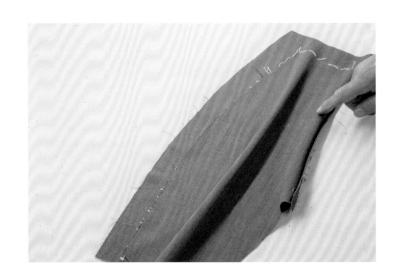

二、袖口形态造型

1. 袖口覆牵带

在整个袖口覆上具有一定硬度的细棉布牵带，加强袖口造型，使袖口平实而不呆板。制作时，根据袖衩长度和袖子宽度裁剪一块细棉布，垫在袖口的反面，在袖子的正面画袖口的底边线、袖衩位线和平行于底边线的宽度线，然后将其正面朝上置于软垫沙包上，在画线区域内用手工平针固定牵带。牵带的丝缕以袖内侧缝线作为经向参考线。

2. 增加牵带剪口

固定牵带后，将袖子翻到牵带朝上的一面，查看牵带边缘丝缕绷紧的位置。为了使牵带丝缕完全展开，符合袖口造型，需要在上下边缘打剪口，剪口深度一般为2cm。通常内侧线位置的剪口最深，根据面料边缘丝缕展开情况，可以在牵带两侧再增加若干个辅助小剪口，使其更平顺。

3. 塑造大小袖片袖衩形态

袖衩缝制可以先从小袖片的衩位开始。将牵带修剪进1cm，然后将面料等量包进，左手捏紧面料，食指顶紧缝制区域，右手控制丝缕的变化，将牵带缝制固定住，并确保缝制部位平整而又不过于厚实。

接下来换到大袖片的一边，先修剪牵带，使其刚好与大袖片外侧车缝线位置的袖衩延伸线平齐，然后将面料包进。操作方法与缝制小袖片衩位相同，被折进的大袖片衩位宽度在3.8cm左右。

4. 塑造袖口形态

缝制完成大小袖片袖衩后，开始折进袖口边。按袖子的长度进行折边，通常袖子底边需保留5cm的放量，方便日后修改袖长。

提示：制作时，理顺牵带与面料的丝缕，并将两层布料贴紧后再一起折边。左手需控制面料与牵带的贴合度，理顺折边的丝缕，并塑造出内窝势，右手在贴紧袖口边缘处，将完成塑型的立面形态用缝线固定住。

袖口造型细节 1：袖衩段呈现上段大、下段小的喇叭形，当翻折 5cm 的放量边时，边缘丝缕会被绷紧。因此在完成第一道缝线加固后，需要将袖口反面朝上平放在台面上，用剪刀拆开袖子内侧线上 5cm 放量边的缝份，使袖口折边展平，消除边缘丝缕紧绷牵扯现象。

袖口造型细节 2：在展开的袖口折边上，在平行于第一道固定线的 2.5cm 处用第二道线绷缝固定边缘丝缕的形态，缝制时必须保持边缘丝缕完全展开，并融入窝势。

袖子合里布精工艺

通常袖子里布和大身里布所用材料相同，一般选择手感丝滑的面料，以免因袖肥较窄带来穿脱不便，同时还需考虑防静电等功能，也可以根据设计要求和顾客需求选择其他材料或颜色的里布。裁剪时，袖子里布的丝缕方向与袖子面料的丝缕方向要匹配，里布的尺寸要比面料大1cm的缝份量，并在小袖片的外侧线加入2.5cm的放量。制作时，里布需留出一定的松量，熨烫后可以达到辅助袖子塑型的作用，使袖子更具有立体感。

一、折烫袖衩

完成袖口和衩位制作后，车缝袖子外侧线并进行分缝熨烫，将小袖片外侧线上2.5cm的放量边与衩位连接段的缝份向外侧翻折并烫倒。

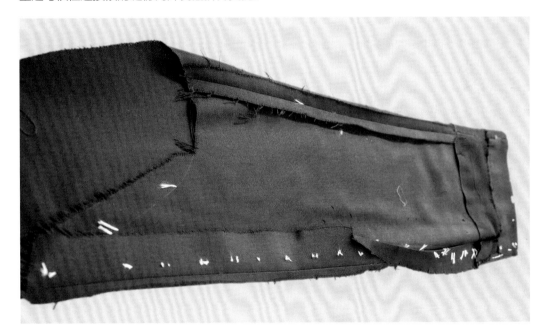

二、袖子里布造型

车缝袖子里布内侧线后，归烫并保留一定的褶量在肘弯处。在小袖片外侧线保留 2.5cm 的放量，在大小袖片的袖山和袖口处分别保留 2.5cm 的放量，留出袖衩位置，车缝袖子里布外侧线。完成后，袖子里布外侧线需比面料大出 1cm。

三、固定面袖和里袖的缝份

将袖子的里布反面对面料反面，将里袖的内外侧线对齐面袖的内外侧线，用手工平针分别固定面袖和里袖内外侧线中间段的缝份。

四、里布袖口造型

将袖子的袖衩部位平摊在台面上，使面料和里布的丝缕完全顺直。里布预留长出袖子 2.5cm 的量后，修剪去多余的量。

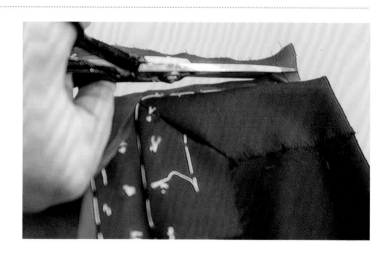

五、翻转袖子

手工平针固定袖子内外侧线中间段后，将手伸进面袖里，抓住袖口翻转袖子，使里袖套在面袖里，然后整理横向和纵向的丝缕。

六、袖口里布处理细节

将袖口套在木架袖烫台上，整理面袖与里袖的袖口丝缕。用左手将袖子往下压，使袖子弯曲后形成 U 字型，以确保里布含有足够的吃势量。

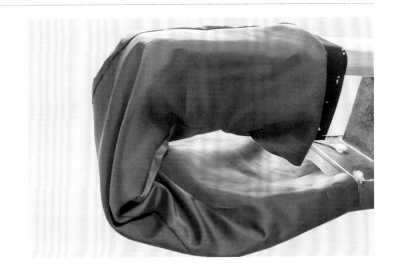

再次整理面袖的袖口丝缕，在距离面袖的袖口边约 2.5cm 处将里布向内折进，用手工平针缝制固定里布。

提示：固定袖衩位的里布时，需给面料留出钉缝纽扣和锁缝扣眼的空间。

七、翻转袖子至正面

完成袖口里布的缝制后，重新将袖子翻到正面，用手提袖口，使袖子倒立，观察袖子的造型、袖口和袖衩的丝缕。

八、熨烫塑型

将整个袖子套进木架袖烫台上，先熨烫内侧线，然后熨烫大小袖片表面，最后逐步逐段熨烫弧形较大的外侧线。

九、效果检视

先检视袖子的外轮廓形态是否符合人体手臂自然下垂时的弧度，然后检视里布是否能够辅助塑造袖子的立体感，最后检视袖衩位与袖口边的线条形态是否达到工艺要求。

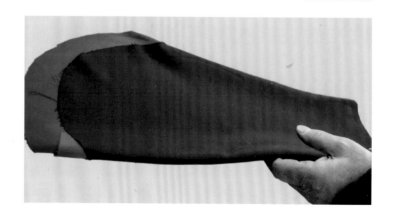

袖窿圈与袖山形态匹配工艺

手工高级定制西装精工艺制作阶段需要再次核对袖窿圈与袖山形态的匹配关系，其中要解决的两大工艺要点是：确定绱袖吃势量和袖窿圈的深度与宽度，以及确定袖窿圈的形态。

一、测量袖窿圈深度

在绱袖前，应测量袖窿圈的深度，确保袖窿深与袖山高相互匹配。测量时要用手托起肩部，模拟服装穿着在人体身上的状态，观察袖窿圈的立面形态，测量袖窿底部的宽度、前胸宽以及后背宽等，并用直尺顶住肩点，垂直测量袖窿圈的深度。

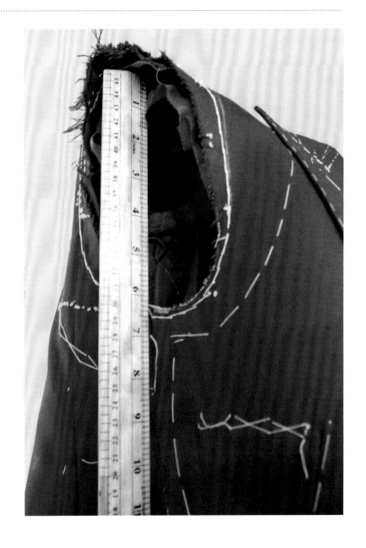

二、测量袖山高度

将袖子平铺在工作台面上，用直
尺测量袖山高度。将所测得的尺寸与上
一步骤所测得的袖窿圈深度作比较。

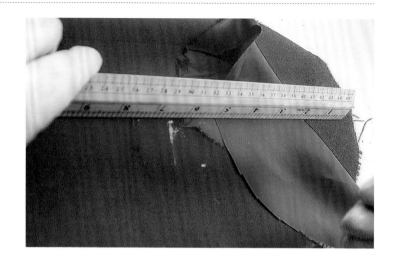

三、再造袖山弧线形态

依据确定的袖山顶点位置，再造
袖山弧线形态。袖山弧线形态的变化取
决于装袖位置是靠前还是靠后，顾客体
型属于厚体还是扁体，以及袖山款式设
计等。绘制时，可使用多功能尺来辅助
塑造袖山弧线形态。

提示：在手工高级定制西装中，袖山弧
线形态多样，很难在多功能尺上找到完
全符合造型的弧线来辅助塑型。通常需
要预判线条形态，在多功能尺上寻找适
合的造型，用几小段弧线来拼合成正确
的袖山弧线。

四、修剪袖山造型

　　用中号剪刀在面袖上修剪袖山造型。修剪时，必须用剪刀头部按弧线顺势修剪，在内侧线的合缝线处需保留1cm的缝份，以免车缝线迹脱落。

提示：小袖片的弧线上需保留2.5cm的放量，以便于后期袖子改动调整尺寸。绱袖前应将放量折进并熨烫。

五、修剪里布袖山

　　理顺面料和里布的丝缕，将袖子沿袖山高线对折并平铺在台面上，修剪去除里布袖山上长出面料2.5cm放量的多余部分。

　　然后将袖子的内侧线位置朝上，平铺在台面上，修剪腋下部位的里布。修剪时用左手按住下层的里布，以免因一时失误导致剪刀头刺破下层里布。

绱袖前的袖子形态再造

绱袖前的袖子形态再造主要包括确定绱袖位置、袖子的立面形态、袖山形态和肩型等，其关键环节是确定袖窿圈和袖山形态，依据顾客手臂位置确定袖山顶点，然后用手工回针缝制一道线，塑造袖窿圈形态。绱袖工艺通常采用两道手工平针缝制，第一道线的作用是确定袖子的前后位置，并固定袖窿圈和袖山上的斜丝缕，同时合理分配袖山吃势量；第二道线的作用是将吃势量固定在针距中，并缝制出圆顺的袖窿圈轮廓线，以方便车缝。

一、核查缝缉线

在手工高级定制西装绱袖前，会在衣身袖窿圈的缝缉线上用回针手工缝制一道线，绱袖工艺对于这道线迹的圆顺程度要求非常高。假缝袖子前，需核查这道线是否符合工艺要求。缝制这道线的目的一方面是为了固定袖窿圈的丝缕方向，另一方面是作为绱袖时袖窿圈位置的参考线。

二、绱袖工艺

1. 左袖假缝流程

通常先缝制左袖，再缝制右袖。正常体型是以袖子内侧合缝线位置与衣身袖窿圈底部向前约 2cm 的位置为对合点，将袖子正面对衣身正面，袖山圈的边缘对袖窿圈回针线迹的边缘，在向内收进 1cm 缝份处，用手工平针绷缝第一道线。

缝制前袖窿圈和袖山圈的腋下到胸部位置时，只需理平袖山层的丝缕，无需纳入吃势量。缝制时用左手的食指顶起衣身袖窿层，用大拇指按住袖子的袖山层。

缝制到接近袖山中上部分时，需要转换缝制面，将袖子套进袖窿圈里，使衣身内层朝外。缝制大袖片胸部以上经袖山顶点至外侧线的袖山层时，需要纳入吃势量。缝制时用左手整个于掌托起袖窿层，同时用大拇指推送袖山层的吃势量。

缝制到小袖片区域时，无需纳入吃势量。

提示：通常在缝制前需比较、核对一下衣身袖窿圈和袖子袖山圈的尺寸是否匹配，丝缕是否顺直。

2. 右袖假缝流程

完成左袖的假缝后，开始右袖的假缝。先将左袖的外侧线对应的后背位置拷贝到右袖，然后从这个位置起针向袖山方向缝制。

缝制时，需要纳入吃势量，用左手整个手掌托起袖窿层，同时用大拇指推送袖山层的吃势量。

缝制到袖山胸部位置时，需要用双手撑开袖窿整理袖子面料丝缕，将袖子套进袖窿圈里，转换缝制面。

缝制胸部位置以下区域时，只需理平袖山层的丝缕，无需纳入吃势量。缝制时，用左手的食指顶起衣身袖窿层，大拇指按住袖子的袖山层。

提示：通常在缝制前需比较、核对一下衣身袖窿圈和袖子袖山圈的尺寸是否匹配，丝缕是否顺直。

三、分段检查

　　用手托起肩部，模拟服装穿着在人体身上的状态，使整个袖窿圈呈现立体效果，分段检查袖山的纵横丝缕、吃势量、袖窿圈形状是否符合工艺要求。

四、细节处理

　　检查无误后，在第一道假缝线的针距里交错缝制第二道线。

　　提示：其工艺目的在于：（1）将吃势量完全纳入缝线之中；（2）通过加密缝线塑造出更加清晰的袖窿圈轮廓线。

袖窿线的车缝再加固

袖窿线的车缝加固是在完成绱袖前的形态再造后，在确定绱袖的前后位置、袖山吃势、袖窿圈丝缕等定型工作的基础上，在袖窿圈上车缝一道缝纫线，从而起到再加固的作用。作为袖山圈在袖窿圈上正式定位的一道制作工序，其车缝针距一般为 10~12 针 /2.5cm，具体针距需根据面料的质地适当选择，所车缝的弧线一定要圆顺连贯，且不能有断线的接头。

一、细节整烫

将袖窿圈置于木架袖烫台上归烫丝缕，用熨斗的尖头部分逐步逐段熨烫，使手缝线段部位丝缕顺直。

二、加固袖窿圈

用缝纫机沿手工缝线车缝加固袖窿圈，车缝时左右手需通过操作手势控制袖子和袖窿圈面料丝缕，以免因缝纫机压脚与送布牙之间的摩擦力导致面料层差变形。此外，车缝工艺是关键，针距需紧密，线迹要顺畅，确保完成后的袖窿圈形态圆顺、饱满。

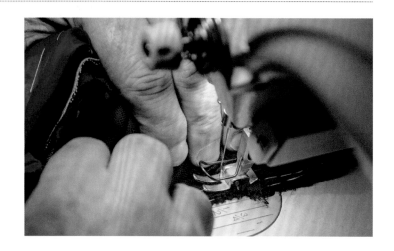

三、拆除手工缝线

完成车缝加固后，即可拆除两道手工缝线。

提示：拆线时需仔细，以免误将车缝线拆断。

四、阶段检视

将服装翻转到正面，检查袖窿车缝线是否圆顺、吃势量是否符合肩部特征及造型要求。

袖窿圈与胸衬、里布和肩棉的定位与造型工艺

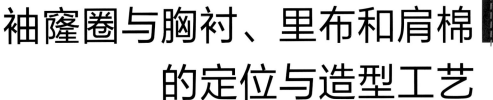

手工高级定制西装的袖窿圈与胸衬、里布和肩棉的定位与造型是通过再次排挤前肩头位置面料和衬之间空隙的方法，使肩型更加立体、伏贴。此环节全凭操作者的手感和制作经验完成，需逐步逐段地理顺肩头丝缕、塑造正确的肩型并在立面上用手针固定面料和衬，再逐步塑造里布与肩棉形态，塑造出结实、有型的袖窿圈，以确保穿着时肩部能有足够的空间，使手臂活动自如。

一、压实肩头空隙量

再次排挤前肩头位置面料和衬之间的空隙量。操作时，左手托起服装肩部，用掌心模拟人体锁骨部位凹陷处，右手在面料上反复用力下压，使面料与衬紧密贴合并形成凹面状，并且由锁骨部位慢慢向袖窿圈方向移动，逐步挤压面料与衬之间的空隙。

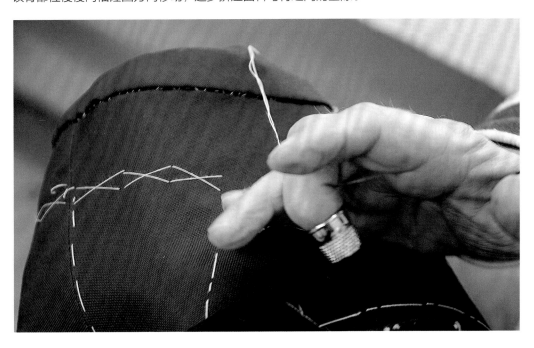

二、手针固定

　　面料和衬在立面上完全贴合后，需用左手大拇指压住缝制部位，以确保面料和胸衬上下层贴合，再下针固定。

提示：为增强牢度，手缝时需采用斜针固定。

三、内部修整

　　重新翻出内袖窿圈，修剪和整理内袖窿圈的面料、衬里料。按定制常规，肩宽预留 2cm 放量，衬和肩棉留 1cm 缝份量，修剪后的线条形态须圆顺平滑。

四、阶段检视

对比没有经过修剪和整形的袖山圈，可以直观地看出修剪和整形后的袖山形态更加完美，并消除了肩缝线缝份在服装外观上反映出的印迹。

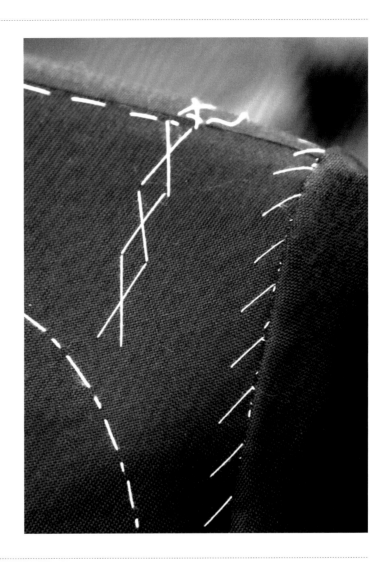

五、整理肩型

再次将肩部套在木架袖烫台上，用双手塑造立面肩型，理顺肩部和袖窿圈上的里布，准备对袖窿圈上的里布进行加固。

六、加固里布

袖窿圈上的里布加固具有增强袖窿圈结实度的作用，从袖窿圈的底部起针，沿车缝线的外侧缝制。在没有肩棉的部位，需同时缝住面料和里布。每一针都要在左手顶出立面形态后再下针固定。

缝制到有肩棉段，只需缝住面料和部分肩棉，缝制的针距为 6 针 /2.5cm 左右。

提示：缝线不必过于拉紧，以便保留肩棉的弹性。

七、熨烫整理

对袖窿圈上的里布进行熨烫，将立体状态的袖窿圈置于木架袖烫台上，手工缝制针迹面朝上，用熨斗的前端进行旋转式熨烫，使手缝针迹完全伏贴。

八、精修整理

再次整理和修剪胸衬、肩棉、面料和里布分布在袖窿圈上的量。此款肩型是英式常规肩，故修剪时肩棉和胸衬需留1cm的缝份量，面料和里布留2cm的放量。

修剪到袖窿圈底部时，面料保留1cm的缝份量，里布略多留一点，胸衬略少留一点，以免衬料的硬丝缕外露。

九、阶段检视

对袖窿圈上的肩棉和里布塑型后的效果进行检视。操作时，用右手托起肩部使袖子自然下垂，左手在袖山上触摸和感受肩棉在弧形下的里外匀伏贴度。

袖窿圈与袖窿条的
定位与造型工艺

　　手工高级定制西装的袖窿圈与袖窿条的定位取决于肩型，还需要依据面料厚薄选择适合的袖窿条材质并进行相应的工艺处理。袖窿条与袖窿圈的造型工艺要求是袖窿条需要外匀量，袖窿圈需要内匀量，两者在弧面上都不能有褶皱。

一、归拔袖窿条

　　在使用袖窿条之前，先进行归拔熨烫，将袖窿条塑造成月牙形，然后根据袖窿圈尺寸修剪合适长度的袖窿条，两头边缘需修剪成阶梯状。

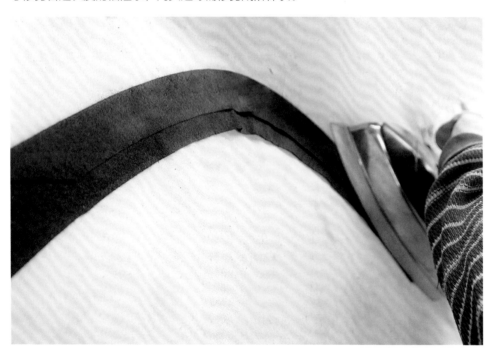

二、缝制袖窿条

　　缝制前将袖窿条的1cm缝份对齐袖窿圈缝份，将袖窿条覆盖在袖窿圈缝份上，手工针迹要正好缝在车缝线上。

提示：缝制的目的是塑造袖窿条和袖窿圈的立面形态，因此每缝一针都需要掀开袖窿条看清丝缕方向，方可继续下针。

三、修剪袖窿条

　　当袖窿条覆在袖山上时，其宽度会绷住袖山，因此需要将袖窿条修剪成弧形，使其与袖山造型相匹配。

四、熨烫袖窿圈

选择大号木架袖烫台，将袖窿圈套在圆头上，用左手拉直袖子，使袖窿圈完全贴紧大圆头，然后熨烫并修整袖窿圈形态。

五、整烫袖山周边形态

用左手托起肩部模拟穿着状态，右手持熨斗，用蒸汽喷烫袖山及肩部周边的局部造型，并检视绱袖效果。

六、检视工艺质量

　　将服装穿着在人台上,检视绱袖工艺质量。从侧面观察,袖山上部应无绷紧现象,丝缕纵横分明,袖山圆润,袖子自然弯曲;从正、背面观察,袖窿圈应形态圆顺,形成身体与手臂的分界线。

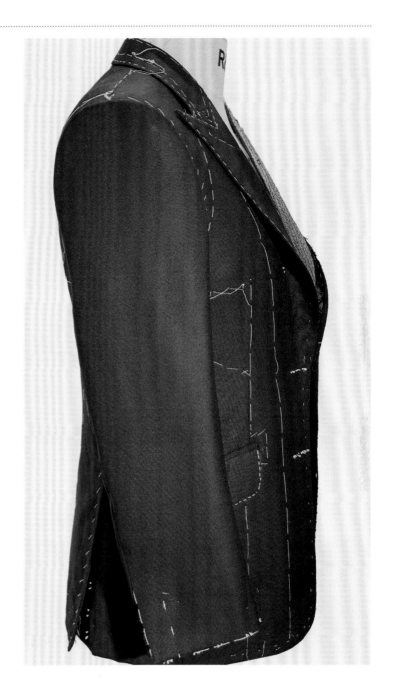

第八章

裤子精工艺制作

手工高级定制的裤子通常搭配西装上衣、大衣、礼服、便装和休闲装等穿着。裤子的款式分紧身的小脚裤、宽松的直筒裤等，裤褶分无褶、单褶和各种不同造型的双褶等，制作工艺分全衬、半衬两种。本章详细介绍全衬裤子的定制工艺，其特色是采用手工归拔工艺和符合人体腿型的制作方法。

准备工作

一、材料分包

工艺师在开始精工艺制作前，通常会收到一个捆扎在一起的裤料包，里面包括已经完成撇门的裤片、顾客订单和配套物料。

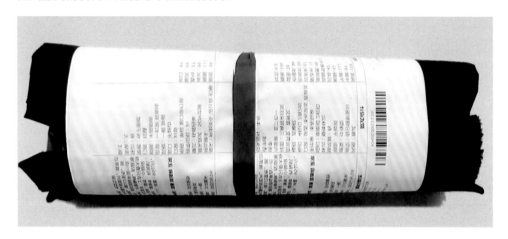

二、核对材料

打开裤料包，核对材料，其中应该包括前后裤片、裤膝绸、口袋布、拉链、面料零料、裤钩等。检查裤片面辅料有无破损或勾丝等质量问题，以免影响到完工后的裤子品质。

三、复核裤片尺寸

依据订单上的信息，复核裤片尺寸是否与顾客要求的完工后的裤子尺寸一致。对尺寸有误的局部问题，需按照要求及时更正。

四、核对放缝尺寸

核对裤片放缝是否正确，一般后裤片的放缝在划粉线外 1.2~2cm，同时需将单片撇门的划粉线过粉。

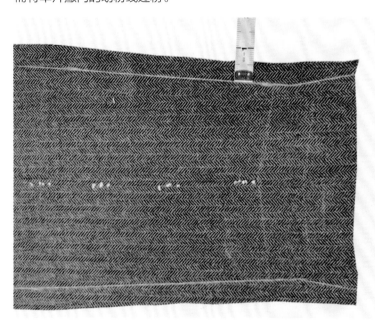

第二节

裤膝绸精工艺制作

一、裤膝绸裁剪

前裤片上的裤膝绸通常选用里布，并按裤片形状裁剪，裤膝绸的长度为中裆线（膝盖位）下 2.5cm 左右。

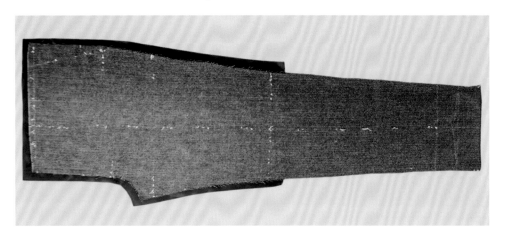

提示：如顾客要求全脚绸，里布的长度需和裤片的长度相同。

二、覆裤膝绸

将前裤片和裤膝绸置于大小头软垫沙包上，先用平针在挺缝线处缝制一道线，再分别固定内侧线和外侧线。考虑到里布的伸缩量，面料和裤膝绸的里外匀量为裤膝绸松于面料，因此缝制内、外侧线时需要纳入外匀量。

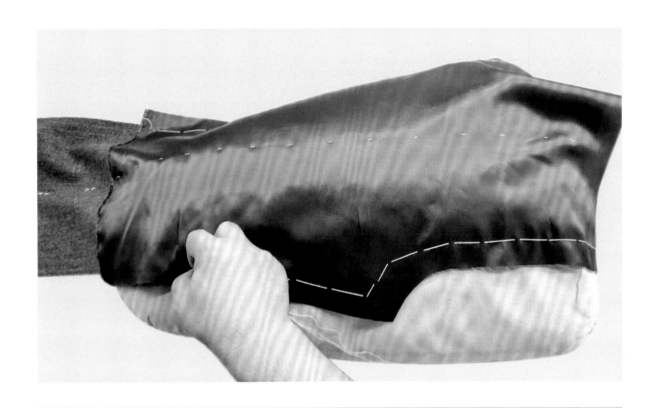

三、拷边包缝

　　根据面料的质地调整拷边机的针距，检查拷边机刀片的锋利程度。选用面料配色线，将前裤片正面朝上连同裤膝绸一起拷边，后裤片也正面朝上连同裤内裆的油光麻布一起拷边。

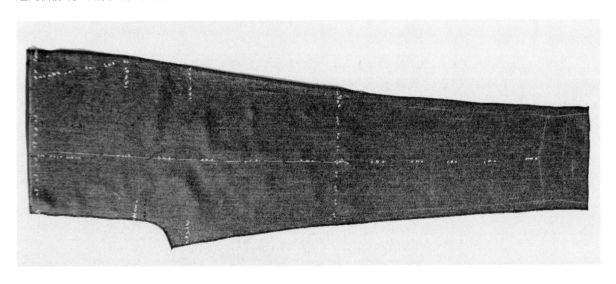

四、整烫腿型

完成前后片的拷边后，需重新整理裤片的立面形态。撇门后，前裤片的内、外两侧无放量，只需沿着前裤片的挺缝线对折脚口边，并按腿、臀部的形态整烫前裤片，然后使用较重的定型压板将其压住并冷却定型。

撇门后，后裤片的内、外两侧有1~1.5cm的放量，侧缝上的放量边需拔烫到位，以免影响臀部和小腿的立面造型。用同样方法将其冷却定型。

前裤片口袋精工艺制作

一、制作过程

1. 修剪袋口线

根据试样时对口袋线钉的修正意见，确定口袋线的形态、位置和尺寸，修剪前插袋的袋口斜线。

2. 裤片褶裥塑型

依据款式设计及腰围尺寸要求，在前裤片腰头上将裤褶叠烫塑型，并在腰围立面上采用手针平缝加固。

3. 袋口加固

前片袋口处的造型细节工艺。为了使得成品袋口边紧实有力而又不过于厚实，通常选用厚薄适宜、平整挺括的油光麻布作为衬布，置于距离袋口边收进0.8cm处，用手工平针固定到立面袋口斜边上。

4. 修剪袋布形态

根据袋口斜线的形态、位置和尺寸，裁剪匹配的袋布，并将其与袋口拼合的一边修剪出净尺寸。

5. 零钱袋制作

在前裤片右口袋布的后片上车缝一个长8.5cm左右、宽7cm左右的零钱袋。

提示：零钱袋的实用功能已逐渐消失，也可以根据顾客需要取消这个部件。

6. 斜插袋袋口塑型

将前片口袋裁片置于大小头软垫沙包上，参考油光衬的造型与尺寸，将裤膝绸的袋口边修剪成与之平齐，并用手工平针将连同袋布在内的四层材料固定在一起。

7. 精做斜插袋袋口

沿斜边收进 0.8cm 折出袋口斜线形态，先用手工平针固定基础形态，然后换用与面料同色系的丝线精切止口。

提示：操作时，左手塑造里外匀形态，右手下针与出针时，针尖需与面料保持垂直。

8. 熨烫整理袋口

将前片口袋置于大小头软垫沙包上，对应人体胯部形态并根据斜插袋袋口的造型，进行熨烫。

9. 制作袋口垫布

将前片口袋置于大小头软垫沙包上，整理口袋布的形态，将口袋另一面的袋贴布对齐裤侧缝位置并进行立面塑型。

用手工平针将袋口垫布固定到立面的袋布上。

10. 制作袋布

将袋布反面对反面车缝缝合，再将袋布的缝份修剪为0.3cm，然后将袋布车缝边翻折包进后，熨烫整理光边，最后用手工平针固定，待手工精切。

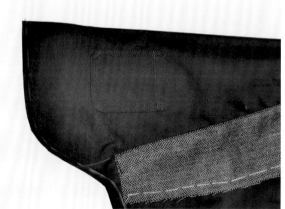

11. 裤膝绸褶裥塑型

整理裤腰的立面形态，依据款式
设计及腰围尺寸要求，保持面料与裤膝
绸的里外匀量，折叠裤膝绸褶裥，并用
手工平针将其固定在裤腰上。

二、阶段检视

检视前裤片侧口袋的制作效果与
工艺品质，确保其对应人体胯部的立面
形态，口袋布的上口需长出裤腰，检查
裤片与袋布的丝缕是否顺直。

后裤片口袋精工艺制作

一、车缝省道

　　根据此案例毛样试样记录显示，顾客没有提出调整后裤片省位和省量的要求，因此，按照裁剪环节所拷贝的纸样省道原线钉位置车缝加固后裤片省道即可，并将裤片置于大小头软垫沙包上熨烫造型。

提示：手工高级定制裤子的后省道设计需注意三个关键点：（1）解决不同顾客腰臀差的收省问题；（2）省道位置布局取决于顾客臀部形态，省道应设置在臀部最饱满处；（3）省道的长度需匹配裤子的直裆长度。

二、设置挖袋造型

　　根据试样时对后口袋线钉的修正意见，确定口袋线的形态、位置和尺寸。将后裤片臀部置于大小头软垫沙包上，画出符合臀部立面形态的后口袋线位置及造型。

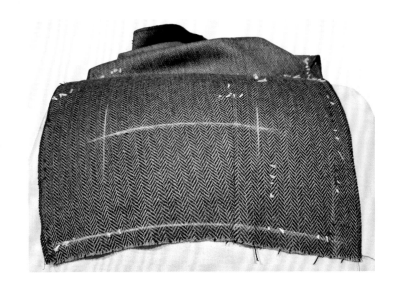

三、袋牙造型与制作

　　1. 双嵌线袋牙造型

　　裁剪好两块与双嵌线袋牙大小相同的黏衬，依据臀部立面形态对袋牙布和黏衬进行熨烫黏合。

　　提示：当裤子主料较厚时，可使用细棉布制作袋牙布；当主料较薄时，可采用主料制作袋牙布。两者覆合黏衬时都需要熨烫出里外匀量。

　　2. 绷缝双嵌线袋牙

　　将后片口袋置于大小头软垫沙包上，将双嵌线袋牙分别对准划粉线，用手工平针将袋牙固定在立面裤片上。

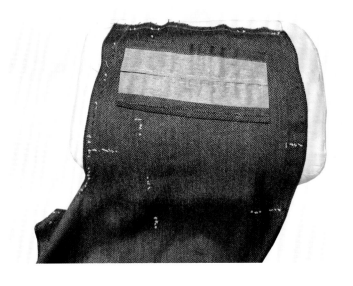

3. 车缝袋牙条

将裁剪好的袋布垫放在后片袋口线的下层位置，在袋口线两边0.5cm处分别车缝两条线，固定双嵌线袋牙条和袋布。

4. 分缝熨烫袋牙条

将后片口袋置于大小头软垫沙包上，然后对双嵌线袋牙条两边的0.5cm缝份进行分缝熨烫。

5. 塑造袋牙条形态

沿着被烫开的双嵌线袋牙条缝份包出止口边的形态，然后对止口边形态进行立面塑型，并用手工平针固定造型。

6. 后口袋双止口边塑型

用左手的大拇指和食指纳出袋牙条缝份宽度并纳顺边缘的丝缕，所纳出的袋牙条必须与整个臀部立面形态相匹配，然后用右手加固其造型。

四、袋口线修剪与制作

1. 精剪袋口线

将裤片翻转至面料反面，左手大拇指在上，四指在下，将裤片的臀部窝成立面形态，右手握剪刀，剪刀与左手大拇指呈直角，精剪袋口线。

2. 袋口线形态

用剪刀从口袋的中间位置剪入，分左右两头剪开，剪口必须保持为一条直线。在口袋的两端约1cm处需要修剪出Y形小三角。

提示：修剪小三角时，剪刀头部必须锋利，定好小三角的位置和尺寸后，必须下刀果断，一气呵成。

3. 加固袋口线造型

将双嵌线袋牙条从正面翻转到反面，将裤片反面朝上置于大小头软垫沙包上，理顺袋牙条造型后，整理两头的直角形态，确保袋角方直。先用手工针缝制固定，再车缝加固。

4. 精修袋位两端的缝份

完成袋位的立体造型加固后，需要对袋位两端的缝份进行精修。在确定所需修剪的量之后，用剪刀头部修薄袋牙条折叠后的双层厚度。分两次修剪，一次是纵向的，一次是横向的。

五、袋布修剪和制作

1. 修剪袋布形态

完成双嵌线袋牙条的立面造型后，将袋布的另一半翻折覆盖到口袋上。将整个后片置于大小头软垫沙包上，修剪出与臀部造型匹配的袋布形态。

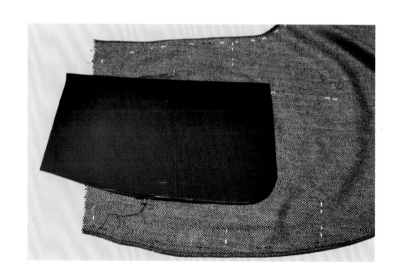

2. 制作袋口垫布

修剪后摊开袋布，将袋口垫布置于另一半袋布上，对应袋口线的位置，以免袋口张开时袋布外露。放置好袋口垫布后，先用手工平针将袋口垫布固定在袋布上，再车缝加固。

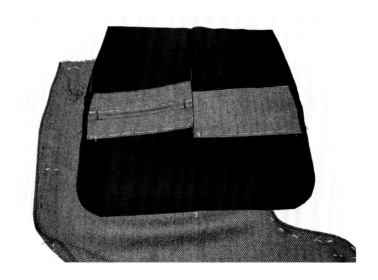

3. 制作袋布

将袋布反面对反面车缝缝合，再将袋布的缝份修剪为 0.3cm，然后翻转袋布将缝份包进后，熨烫整理光边，用手工平针固定后，再手工精切。

六、立面熨烫

将后片臀部置于大小头软垫沙包上，熨烫已经完成三角针封口的双嵌线袋，并依据臀部立面形态整理丝缕，同时归烫臀部造型。

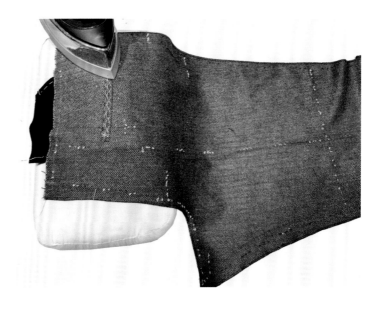

裤片外侧线合缝精工艺

一、裤片整理和外侧线对位

1. 整理裤片立面形态

整理撇门后的前后裤片立面形态。对已经归拔过的立面裤片进行整理，依据订单信息表，核对左右裤片的尺寸。

2. 前后裤片外侧线对位

对前后裤片外侧线进行对位整理，用手工平针固定外侧线，在新线钉收进1cm处进行车缝。

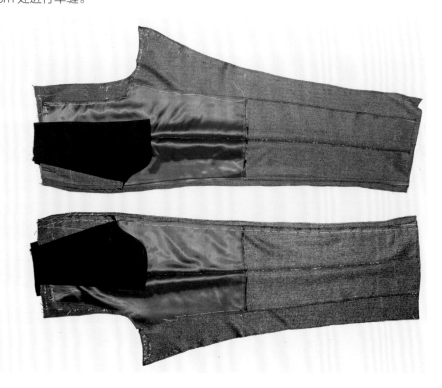

二、熨烫侧缝线及缝份

1. 熨烫侧缝线缝份

将大小头软垫沙包置于大号木架袖烫台上，在裤片反面对侧缝线的缝份进行分缝熨烫，熨烫时要分段进行，使缝份在软垫沙包上完全展开后再用干烫法烫倒缝份。

2. 熨烫侧缝线

用同样的方法在正面对侧缝线进行分段熨烫。

提示：熨烫时需保持熨斗底板清洁，并注意熨烫温度，以免产生污渍或烫坏成品表面。

三、固定袋布与侧缝

将裤片反面朝上，前插袋部位置于大小头软垫沙包上，先对口袋位进行立面熨烫，然后将口袋布边折进并覆盖在侧缝线上，用手工平针固定后，再手工精切。

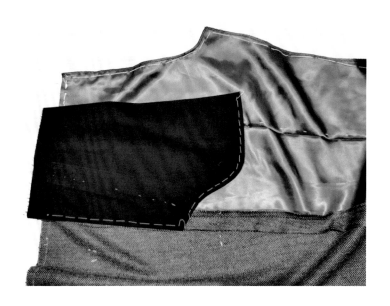

门襟与里襟精工艺制作

一、精裁和加固门襟与里襟

1. 精裁门襟与里襟

首先复核已经制作好的裤片门襟，然后精裁剪门襟和里襟的贴布，裁剪时注意保持丝缕方向顺直。

2. 加固门襟与里襟

裁剪大小和形态与门襟和里襟的贴布相同、丝缕方向不同的油光麻布衬，分别覆盖在门襟和里襟的贴布上，在大小头软垫沙包上折出里外匀量后，用手工平针固定。

二、制作里襟里布和门襟包边

1.制作里襟里布

通常里襟还需要配置一层棉质里布。裁剪时，里布上下端要长于里襟。

制作时，需要将覆衬加固后的里襟和里布进行里外匀量的手工平针固定，并熨烫整理出立面形态。

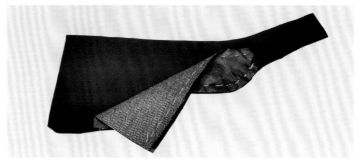

2.门襟贴布包边

用棉质里布对覆衬加固后的门襟贴布外圈进行包边制作，并熨烫整理出立面形态。

三、绱里襟拉链

先依据门襟部位的人体立面形态对拉链进行归拔熨烫塑型，将整烫后呈现弧形的拉链放在里襟上比对好位置，并用手工平针固定，然后再将带有拉链的里襟缝制到裤片上。

四、熨烫和整理里襟

1. 立面熨烫里襟

将车缝好拉链的里襟反面朝上置
于大小头软垫沙包上，使里襟展平，从
腰部开始，使用熨斗前端局部接触并逐
步往下干烫里襟缝份，使其在立面形态
下完全展开。

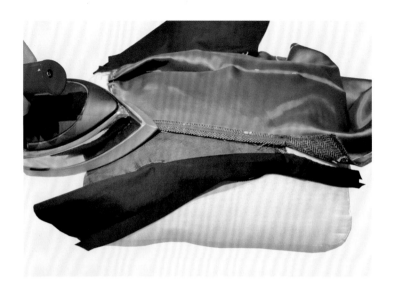

2. 里襟立面形态整理

将里襟面翻至面料正面朝上，并
置于大小头软垫沙包上，首先检查里襟
的车缝线形态及周边丝缕是否顺直，然
后整体熨烫，并塑造前裤片小腹和胯骨
部位的立面形态。

五、绱门襟

将前裤片置于大小头软垫沙包上，
比对门襟的位置，并确定车缝位置。将
前片门襟塑造出里外匀量，用手工平针
将其固定，再车缝加固。

六、门襟熨烫塑型

1. 立面熨烫门襟

将车缝好门襟的裤片反面朝上置于大小头软垫沙包上，熨烫门襟缝份。熨烫时使用熨斗前端，保持在立面形态下的熨烫手法。

2. 塑造门襟的里外匀形态

将门襟沿着止口边翻折至裤片反面，左手拉住门襟的下端，右手从上端往下，边整理止口边的丝缕及里外匀量，边顺势逐步熨烫，塑造门襟止口边的里外匀形态。

七、门襟工艺细节

为了加强门襟的挺括度，在门襟上端垫一块硬衬，并绷缝固定。

八、绱门襟拉链

1.门襟拉链的立面塑型

将左右前片置于大小头软垫沙包上，先将里襟上的拉链拉上，对位好立面门襟，然后用手工平针固定立面门襟上的拉链。

2.车缝门襟拉链

在车缝门襟拉链前，需要先将面料翻到正面,合拢拉链并检查整体效果,满意后再翻至反面，将手工固定线改为车缝加固。

九、缝制前窿门弧线段

前窿门有一段长度较短的弧形，缝制时先用手工平针绷缝缝份，再车缝加固，最后将其置于大小头软垫沙包上进行分缝熨烫。

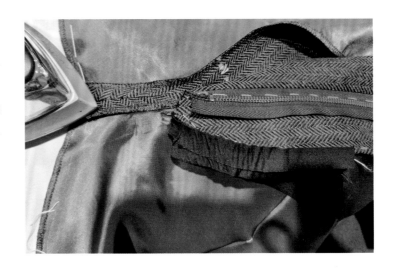

十、检查工艺质量

1. 检查门、里襟

拉开门襟拉链，将门襟置于大小头软垫沙包上，检查门襟止口边的丝缕是否顺直及里外匀窝势形态是否完好。用相同方法检查里襟，要求左右协调，形成整体立面。

2. 检查前窿门

裤子的前窿门包含前中心线和前窿门弧线段，操作时将前中心线部位展开在大小头软垫沙包上，合拢拉链，核查立面上的丝缕是否顺直及止口边的里外匀是否平伏，并用划粉精确标记拉链上口门里襟上裤腰的对位点，同时检查前中心线和前窿门弧线段交界处面料丝缕的顺势及缝制工艺质量。

腰头精工艺制作

一、精裁和规划前片腰裙边

1. 精裁前片腰裙边

前片腰裙边的成品宽度为 5.5cm 左右（根据裤子的大小而定）。准备一块与袋布材质相同的细棉布，裁剪成 16cm 左右的宽度并对折，将缝份修剪为 2.5cm。

2. 规划前片腰裙边的用量

前片腰裙边从连接门、里襟开始，到口袋布为止，其具体尺寸根据裤子的大小而定，中间需要制作一个 2.5cm 的褶裥。

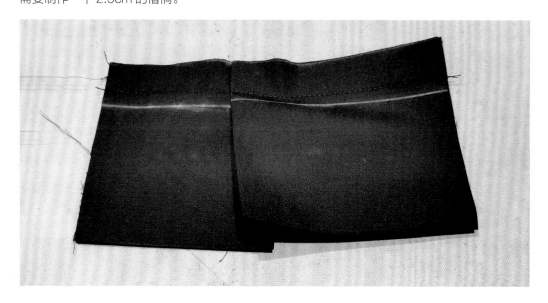

二、腰头的面辅料熨烫造型

1. 腰头面料熨烫塑型

将已经裁剪好的宽约6cm的腰头面料置于平面的台面上，左手按住一端，从另一端开始，用熨斗进行立面形态的归拔熨烫，以一个大的弧形反复来回熨烫。

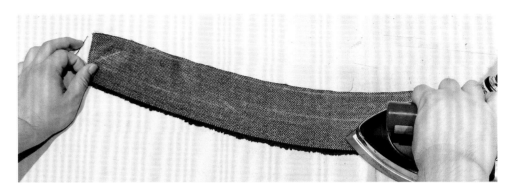

2. 腰衬熨烫塑型

腰衬的宽度为3.8cm，使用与腰头面料相同的熨烫方法，使其达到符合人体腰部立面形态的效果。

3. 腰里布熨烫塑型

腰里布的材质与袋布和腰裙边相同，由于细棉布质地紧实，熨烫塑型难度相对较大，需使用与腰头面料相同的熨烫方法并加长熨烫时间。

三、腰头的制作与塑型

1. 制作腰头上口缝份

将腰面和腰里布的正面相对并置于腰衬的下方，在交叠部分（约1cm宽）车缝，线迹需与腰头的弧形吻合，此线为腰头的上口线。

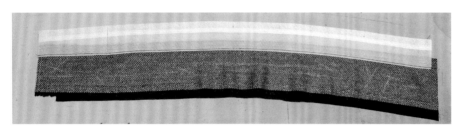

2. 塑造腰头上口线

将腰面沿腰衬的缝份边翻下，作为腰头的正面，顺势将腰里布翻下腰面。所制作的腰头上口线是一条流畅的弧线，腰面和腰里布具有里外匀量。

提示：由于叠门的原因导致腰头左右两端的长度有所不同。

四、裤片腰口线造型与归烫

1. 塑造裤片腰口线形态

将裤片腰部置于大小头软垫沙包上，使其上口边展开，以裤片上的门里襟、侧缝线和后中缝线的对位点为基准点，计算出1/2腰围尺寸，并加上塑造弧形所需的吃势量，使用弧形尺在裤片上画准腰口弧线。

2.归烫塑造腰口线形态

继续将裤片腰部置于大小头软垫沙包上,将之前设置的吃势量归烫进去,并且使其保持原来的弧线形态不变。

五、修剪裤片腰口的缝份

将裤片翻到面料的反面,对应已经画准的腰口弧线,将裤片腰口弧线缝份修剪为2cm,同时对侧缝口袋位的多层面料进行精修,使其产生错落层差。

六、腰口缝份放量的塑型

制作时,注意裤片外侧线上的上口不可车缝到头,需保留1cm的开口。将上口缝份中1cm的放量拨开,同时在侧口袋布的上口增设几个剪口,使其可以充分展开,以免产生牵扯现象。

第八节

绱腰精工艺

一、立面形态绱腰

　　将腰头的弧边对准裤片腰口线，在确定裤片腰口上局部的吃势量后，将制作部位置于大小头软垫沙包上，依据腰部结构造型融入里外匀量，先用手工平针绷缝固定，然后进行车缝加固。

二、立面熨烫缝份

　　将整个腰头置于大小头软垫沙包上，立面熨烫腰头缝份。熨烫时需逐步逐段地进行，将裤片上的吃势量烫出立面形态。

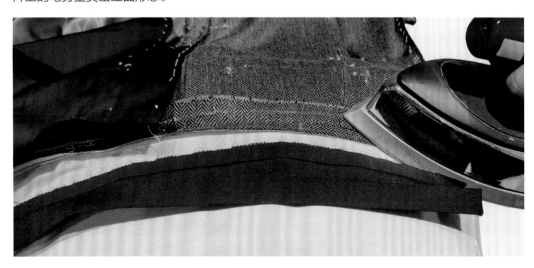

三、裤钩安装与加固

1. 裤钩制作细节

手工高级定制使用的裤钩硬度非常高，因此不宜用线直接将裤钩钉在裤腰上，需将牢度较高的细棉布折成宽度能穿过钩孔的布条，以套结法固定在裤钩上，布条需保留 5cm 长度。

2. 安装裤钩

确定裤钩在腰头上的位置后，将 5cm 长的布条展平，用牢度特强的专用同色系粗真丝线，以手工斜针沿布条四周缝制一圈，将其固定在腰头上。

3. 加固裤钩

除了以斜针固定裤钩外，还需在裤钩的两个圆孔上，用手工针垂直于腰面反复穿缝钉穿腰面加强裤钩牢度，腰面上外露的针迹要美观。

四、塑造腰头延伸段的形态

使用与腰里布同色的细棉布覆盖裤钩，缝制固定细棉布时需保持里外匀量，并塑造腰头延伸段的立面形态。

五、裤挂安装与加固

1. 裤挂安装细节

在腰面上确定安装裤挂的位置，使用镊子或锥子轻轻地拨开面料的丝缕，操作时需非常小心，避免将面料的经纬纱线割断。

2. 安装裤挂

在与已经拨开丝缕的面料对应位置的腰衬上，剪出两个可以插入裤挂头的小孔，慢慢将裤挂的两头从腰面上穿过腰衬后扣紧。

3. 加固裤挂

将裤腰衬翻到正面，用同色系的中粗丝线，以锁眼针法，在腰衬上锁缝裤挂两头的孔眼。

六、裤腰整理与塑型

1. 立面腰型的细节整理

将整个裤腰反面朝上置于大小头
软垫沙包上，将留有放量的袋布塑造出
立面形态，并用同色系的中粗丝线将其
钉缝在腰衬上。

2. 腰头里襟塑型

将里襟部位反面朝上位置于大小
头软垫沙包上，对里襟进行立面塑型后，
使其完全贴合腰头，用手工缝线将立面
形态固定下来。

七、裤腰的立面造型细节核查

将整个裤腰正面朝上平展在软垫
沙包上,核查左右两边的褶裥、插袋等
细节是否对称,腰头上的丝缕是否顺直。

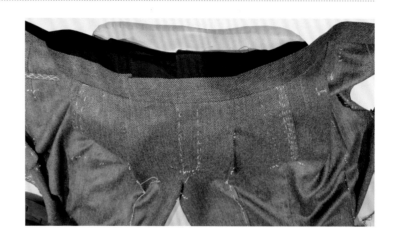

八、裤腰上的栋缝百革

1. 栋缝百革的设计

裤腰上的栋缝百革可以起到收放
调节尺寸、固定裤腰和装饰的作用,是
手工高级定制中裤腰款式设计的要点之
一。栋缝百革左右两端三角头的形态和
面料丝缕方向要对应裤腰面料并保持顺
直。

提示:条格单元较大的面料裁剪需注意
栋缝百革的排料。

2. 栋缝百革的安装位置

通常裤腰上的栋缝百革在安装时
以侧缝线为左右对称中心线、裤腰缝份
为上下对称中心线。缝制前将裤腰正面
朝上置于大小头软垫沙包上,进行栋缝
百革的立面塑型,完成细节核查后,先
用手工缝制固定栋缝百革,然后用同色
系真丝线手工精切,手切针迹要求既美
观又牢固。

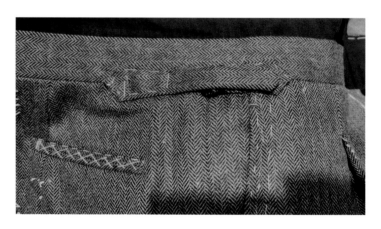

内裆与里布裙边精工艺制作

一、裤片内侧线的塑型

前后裤片内侧线的合缝，横向对位以前后裤片中裆线钉和横裆线钉对齐为准，纵向对位以前片内侧线对齐后片内侧线的放量线钉为准。理顺丝缕后，用手工平针作基础固定。

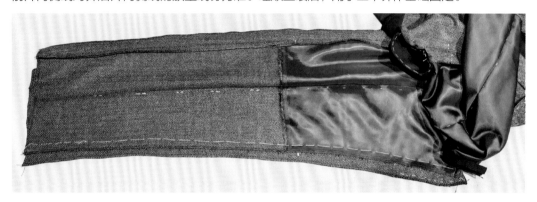

二、内侧线局部段车缝

在前裤片内侧线收进 1cm 处进行车缝。

三、内侧线分缝熨烫

将裤腿套进大号木架袖烫台的小头一端，使内侧线缝份的局部段摊平后，进行逐步逐段的分缝熨烫，直至含有放量的一边完全展开为止。

四、后窿门的制作

1. 确定后窿门形态

再次复核腰围尺寸后，从裤腰后中起翘点处开始，画顺后中心线并延伸到整个后窿门，用手工平针固定后窿门线的形态。

2. 加固后窿门线

后窿门线的车缝需减小针距，整条车缝线段不能有断线的接头，两端的回针要牢固，后窿门弧线段的线迹要圆顺。

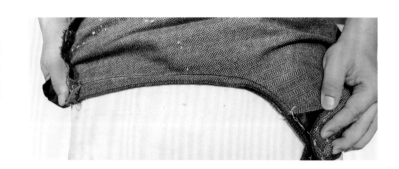

3. 后窿门线分缝熨烫

将整个后窿门部位反面朝上置于大小头软垫沙包上，将局部段的缝份完全展开后，使用熨斗的前端逐步逐段熨烫缝份的摊平部分，直至整条后窿门线的缝份烫开为止。

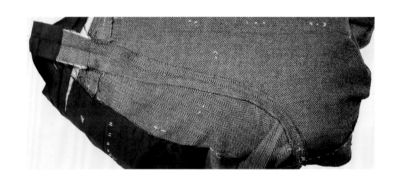

五、里布裙边的制作

里布裙边的大小和褶裥量与棉布裙边相同。将腰部反面朝上置于大小头软垫沙包上，使里布裙边覆盖整个后腰围，然后将裤腰的里布翻下，在立面造型上用手工平针固定，再手工精切。

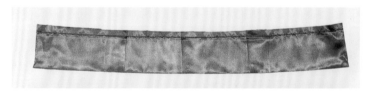

裤脚口精工艺制作

一、塑造裤脚口形态

根据订单信息以及试样反馈意见确定裤长后，将裤脚口进行马蹄口造型的归拔熨烫。

二、制作裤脚口贴边

裤脚口贴边宽度约为1.3cm，长度略小于后裤片脚口宽度。制作时，将后片裤脚口反面朝上置于大小头软垫沙包上，在距离底边净线0.1cm处，缝制裤脚口贴边。

三、裤脚口立面塑型

　　手工高级定制裤子的裤脚口为马蹄口造型，通常前后裤脚口的落差为2.5cm，具体尺寸取决于裤脚口的大小和面料的性能。

四、加固裤脚口立面形态

　　在确定前后裤脚口的落差后，对翻折的脚口边进行马蹄口造型的手工固定，缝制时注意裤脚口正面的立面效果。需注意的工艺细节是裤脚口贴边的里外匀量要均匀，被翻折的底边线不宜过紧。

提示：为避免底边线过紧，内侧线可以不车缝到裤片底部。

手工精切工艺

一、线材选择

裤子手工精切工艺所使用的线材为高质量的丝线，使得缝制品既牢固，又美观。

二、里襟里布上的扣位设计

裤腰里襟上的扣眼位置在里襟和腰头的合缝线上，将确定的扣位复制到里襟里布上。

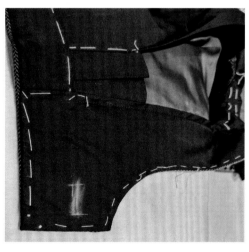

三、扣眼缝制

沿划粉线将里布剪开。具体操作方法是从扣眼中间剪开，两端剪口呈Y形，根据扣眼大小将里布向内折，用手工平针将扣眼形态固定，然后使用同色系丝线进行手工精切。

四、手工精切裤腰及腰裙边

1.手工精切裤腰

精切前，先将裤腰部位正面朝上展开在大小头软垫沙包上，再次检查裤腰是否符合人体的立面形态，丝缕是否顺直，然后翻到裤腰的反面，左手四指顶起腰面，缝制时，手工针需缝住腰里布、腰裙边和缝份边。

提示：需加固侧缝边、褶裥等部位。

2.手工精切腰裙边

将腰裙边部位反面朝上套在大小头软垫沙包上，使其局部结构完全展开，在腰裙边下的后褶位、侧缝线和后中缝线位上做手工精切，需切住腰裙边的内层，确保面料的正面和腰裙边的正面没有切针的痕迹。

五、手工精切袋布

手工高级定制裤子的侧袋同样需要符合人体胯部的立面形态，因此袋布的侧缝是贴在立面侧缝线上的，需采用珠边针法手工精切加固。操作时，左手食指顶起精切部位，右手用手工针切住烫进的缝份边，加强止口的牢度。

六、手工精切门襟和前窿门

　　门襟手工精切的位置形似一个长U字型，外口边需切住缝份，里口边需切住上下门襟。手工精切需在立面形态下完成，每精切一针，左手的中指和食指必须将精切部位往上顶，始终确保其具有立面形态的里外匀量。

七、手工精切前窿门

　　前窿门手工精切的部分是里襟的延伸段，采用珠边针法在左右缝份上精切。由于窿门段距离短、弧度大，需用左手的食指顶起精切部位，使其完全展开，以便右手进行精切。前窿门的精切需逐步逐段按此方法进行，起针和收针时需加强牢度。

整烫工艺

一、归拔塑型

　　将裤子平铺在烫台上，在裤子的两端用较重的定型压板将其压住，对前期归拔好的裤型再次进行熨烫塑型。

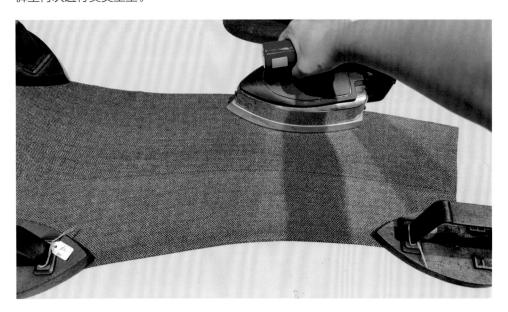

二、臀部立面熨烫

　　将大小头软垫沙包置于木架袖烫台上，将臀部套在沙包上，不断旋转各个细节部位进行熨烫。

三、腿部立面熨烫

将裤腿直接套进大号木架袖烫台上,对各个细节部位进行局部整烫塑型。

四、检视整烫质量

分别从正、侧、背三面观察裤子穿在顾客身上时的丝缕方向与平衡度,检视裤子臀部和人体的贴合度,再通过观察及与顾客交流,了解顾客是否感觉舒适、活动自如。

第九章
手针工艺

    在手工高级定制西装中，手工缝制工艺主要分两大部分：一部分是衣片立面塑型的手工加固缝制，例如手工扎胸衬塑型、手工扎领衬塑型、手工扎止口塑型、手工覆衬塑型等，以上部分工艺已经在本系列书籍的第 1 卷、第 2 卷、第 3 卷里分别做了详细说明；另一部分是服装完成立面塑型后的后道手工缝制工艺，例如里布缝份的手工缝合、服装底边的手工缲缝、领座与领底呢的手工缝制，以及串口、锁眼、驳眼、刺绣等工艺的手工缝制。本章主要介绍第二部分的手工缝制操作技艺。

后道手工工艺

　　手工高级定制上衣后道手工工艺，通常是指在完成上衣所有部位的立面塑型后，需要使用高质量的同色线进行手工精缝制的部分，具体缝制工艺有领底呢缲边、里布缝合、底边缲三角针、珠边、领串口暗针等。由于这些针法大都存在于衣服的表面，因此手工工艺的美观度与其缝合衣片、塑造部位形态等的实用功能同样重要。手工工艺需要把握的重要因素包括：用线的色彩、牢度、光泽，以及线迹起头和收口的方法；所用手工针的大小、行针的针距、缝线轨迹、起针与收针的位置；缝制时左右手的拿捏手势、用力的轻重、左右手的配合、切缝量等。

一、领座与领底呢的手工缝制

　　使用中短手工针，选用牢固的真丝线，用斜针法斜刺在领圈的面料、领衬和领底呢上，这种手工缝制方法具有非常强的牢固度。

手工针法的缝制技艺与操作手法决定了所缝缉线迹的美观度，以及服装成品的工艺品质。缝制在领底呢上的针脚纵向长度为0.6cm，缝线松紧适度，形成饱满的线迹形态，同时盖住了领底呢毛边。

提示：缝线针距不宜过密，否则会增加厚度。

二、里布缝份的手工缝合

使用细短手工针，选用与面料同色系的真丝线缝制里布。

提示：缝制前准备好蜡块，将缝线打上蜡，以免缝制时行针走线不顺滑，感觉生涩。

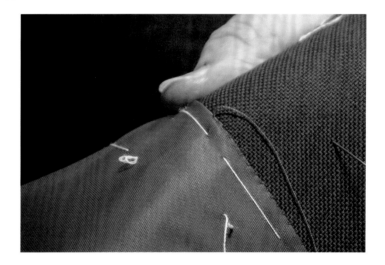

缝制前检查被折进的里布丝缕是否顺直，合缝线的量是否相等。缝制时从压在上面一层的右边起针，采用与里布相同的针法。缝制后线迹横跨于缝份两边，显得既结实又饱满。

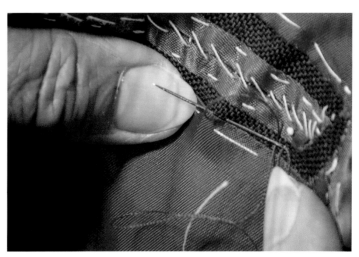

三、串口手工缝制工艺

串口手工缝制的工艺特点是在串口缝份上看不见线迹。

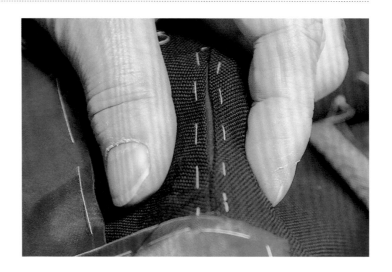

串口针法选用最细的真丝线和细长手工针，用斜针挑起对角的最少丝缕，每针针距间隔相等，用力匀称，绷缝线的松紧度以串口两边面料严丝合缝为准。

缝制时左手塑造串口部位的立面形态，每缝制一针都需要观察串口线形态的变化。

提示：起针和收针时不能打结，线头需藏好且必须具备一定的牢固度，以免其松散、外露。

四、珠边手工缝制工艺

珠边工艺常用于衣领、门襟、衩位以及袋边等部位边缘，切缝在止口内缝份上，其作用是使止口边长期保持理想的形态，不易松动变形。通常珠边间距有 0.2cm、0.3cm、0.6cm 等，可以根据不同面料质地、款式变换珠边的间距。

提示：珠边工艺之美取决于两方面的因素，一方面是止口制作的工艺质量，另一方面是珠边缝制的工艺质量。

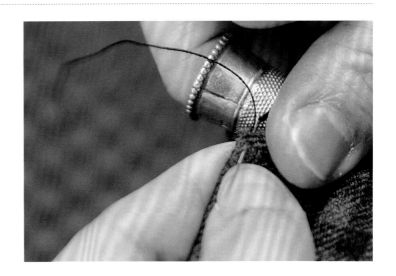

从美观角度来讲，效果好的珠边，其前期准备工作要到位，为后期的珠边工艺打下良好的基础。缝制时，左手大拇指和食指必须捏紧缝制部位并处理好止口丝缕，按照止口段形态塑造出窝势面，右手方可对立面的形态进行珠边固定，出针和入针时需对齐直丝缕。

提示：珠边的实用功能是切住缝份边，使其不易变形。为方便读者理解，图示案例使用了与面料色反差较大的白线做珠边切线。

手工锁眼工艺

　　手工锁眼是一项重要的工艺。从外观上来说，手工锁眼能匹配手工高级定制西装的工艺品质，如驳头上精致的手工米兰眼能够对整件服装起到画龙点睛的作用。从功能上来说，手工锁眼能将扣眼处剪断的面料丝缕紧实地包住，不会出现机器锁眼时扣眼处切断的面料丝缕外露的现象。

　　手工锁眼基本流程是：先在扣眼位两边车缝两条线，然后在一端打一个小圆孔，并按纽扣尺寸剪开扣眼，再进行手工锁眼。锁眼的缝线紧贴剪口和车缝线，并盖住车缝线和包芯线，其针距十分紧密，收尾时需打套结加固。整个锁眼光洁、针脚均匀整齐，扣眼圆头转角圆顺，扣尾收针均匀、紧实、立体。

一、确定扣眼尺寸

　　手工高级定制西装的扣眼尺寸相对固定，通常门襟处扣眼长度为 2.2~2.5cm，可以根据西装大小作适当调整。袖口处扣眼长度为 1.3cm，驳头上的插花眼长度为 2.2cm。确定尺寸后，用削薄的划粉画准扣眼位置。

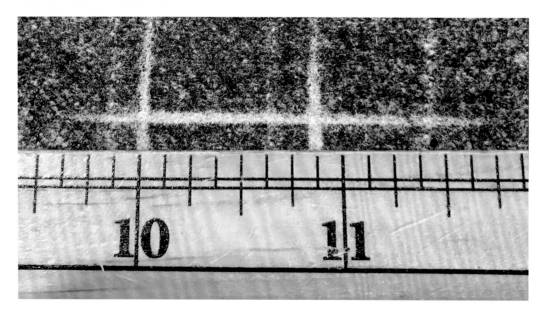

二、手工锁常规扣眼

1. 缝纫机调小针距，在扣眼划粉线两边位置按扣眼的宽度车缝两条线，其作用在于：（1）可以固定上下两层面料；（2）可在锁眼时作为宽度的参考。打孔后剪开扣眼，用手针穿单股丝线开始锁缝。

2. 起针位置在距离扣尾约1cm处，手针从两层面料中间穿入后，再从扣眼中间穿出面料，出针后缠绕增强扣眼立体感的包芯线一圈，再次入针的位置就是开扣眼时的车缝线迹处，如此便完成一针。

提示：起针时线尾需打结，在完成锁眼后需将这个线结剪掉，并隐藏好线尾。

3. 用左手的指甲掐住扣眼的外口边，使外口边针脚均匀整齐。缝至车缝线末端和扣眼圆头的起始位置时，用针方向需发生变化。根据圆头大小考虑第一针的入针位置，以扇形打开的造型规划好缝缉线迹。

4. 缝至圆头的中间位置时，用针方向平齐于扣眼的正中间，左手的中指需顶紧下层面料，保持上下层面料的丝缕完全对齐，然后旋转衣片，准备对称地锁缝另外半边扣眼。

5. 完成圆头的锁眼后，转入另外半边直线的锁眼，同样用左手指甲掐住扣眼的外口边，使外口边针脚均匀整齐。

提示：两边针距一定要对称，完成直边的最后一针时，扣眼两边要保持平衡。

6. 收尾时，需在同一位置上横跨扣眼缝制三针紧密缠绕且匀称的实针，最终将线落在反面，并反复用隐针法加固线的收口。

提示：收口的三针横线需垂直于扣眼方向。

7. 整理扣眼针脚的操作方法：用镊子套住圆头并拉紧包芯线，用指甲归整针脚的方向，然后修剪包芯线。

三、手工锁米兰眼

　　米兰眼主要有两种形式：一种是作为装饰，不剪开扣眼，可以根据顾客的穿衣风格采用不同颜色的缝缉线、设计不同款式的造型；另外一种具有实用功能，剪开的扣眼可以插花、别装饰小配件等。

　　米兰眼与常规扣眼使用的材料相同，起针前的准备工作也都相同。缝制时将包芯线覆盖在车缝线上，用左手指甲掐住缝线的外口边，右手从扣眼位置入针，到包芯线外的指甲边出针，套住包芯线，以此类推。

提示：出针方向、拉线的松紧度需保持一致。

四、手工锁袖口扣眼

　　袖口手工锁眼通常两真两假，靠近袖口的两粒扣为活动扣，扣眼可以打开（真扣眼）。根据顾客需要，也可以将四个扣眼全部打开。

第三节

钉扣与刺绣工艺

　　手工高级定制西装钉扣，从美观角度看，所缝制的纽扣结头暗藏不外露，正面线脚松紧一致，背面针脚整齐。从功能角度看，所缝制的线脚上下穿透，牢固度较强，根据面料的厚度在纽扣与面料之间留下了一定的线脚高度，未系扣时，可以增加空间感，系扣后，衣片平整无牵扯。

　　手工高级定制西装体现高端品质与服务理念，除了前文所述的可以按顾客需求提供专属设计、单量单裁之外，在服装制作完成后，还可以按顾客需求手工刺绣其姓名的英文字母缩写。通过这一工艺细节体现出高级定制的私有化、专属化，让顾客的定制服装与众不同，尽显尊贵。

一、手工钉扣工艺

　　手工钉扣时，先将线尾打结，从面料正面入针并穿出反面，将打结的线尾留在面料正面，再从面料反面入针并穿出正面，穿过扣眼后，再上下穿缝 3 ~ 4 次。纽扣正面线脚多是"="字线，也可以是"+"字线。

根据面料的厚度，需要在纽扣与面料之间预留一定的线脚高度，并围绕线脚绕线数圈增加牢度，使线脚能够立起来，纽扣不晃动、不悬垂。在线脚根部系线结，将线尾穿入两层面料中间，在距离钉扣位置约 1cm 处剪线，使线尾藏入面料夹层中。

二、手工刺绣工艺

手工刺绣是手工高级定制西装中的设计元素之一，顾客可以根据自己的喜好提出要求，将自己的姓名或英文字母缩写刺绣在内袋或者领底呢等部位，从美观的角度可以起到彰显设计细节的作用，从功能的角度可以起到标识化的作用。绣字时，常采用平针针法，丝光线平行排列，折光效果更好。针脚的缝制方向视顾客需求而定，可以横向排列，也可以斜向排列。

C-002 11-4201	C-002 17-1464	C-002 15-1164	C-002 13-0758	C-002 18-0130	C-002 15-4722	C-002 17-4041	C-002 19-1213
C-001 13-2803	C-001 15-1340	C-001 14-1133	C-001 12-0738	C-001 14-0636	C-001 12-0312	C-001 17-6212	C-001 19-4110
C-001 19-1763	C-001 18-1710	C-001 18-5765	C-001 19-3864	C-001 17-4928	C-001 13-5313	C-001 15-4706	C-001 19-3542

右图所示的 Y 和 S 是顾客中文名字拼音的首字母，刺绣在定制西装的内袋上口位置，显得既简洁又有个性。

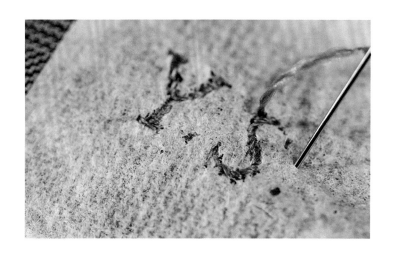

第十章

立面熨烫工艺

　　手工高级定制服装的熨烫环节主要分为制作过程中局部合缝工艺的分缝
熨烫、局部形态的立面塑型归拔熨烫，以及服装制作完成后的最终整体形态
修正熨烫。无论是局部立面塑型熨烫还是最终整体修正熨烫，均需要树立整
体立面形态的理念。整体修正熨烫主要起到美化外观、整理丝缕的作用，使
最终的服装成品丝缕挺直、合缝线条顺直、立面形态饱满，从而达到符合顾
客人体立面形态的效果。

第一节

挂面、驳领部位整烫

　　整烫需从清理服装内里开始。整烫前，先用锥子或者镊子将所有的绷缝线、线钉全部拆掉并清理干净，检查所有内里的合缝质量，然后开始熨烫。

一、整烫下摆

　　按上衣的立面形态整理下摆并将其反面朝上平铺在台面上，整烫时，从右向左逐步进行，左手需按住平直的丝缕，做好整理辅助工作。

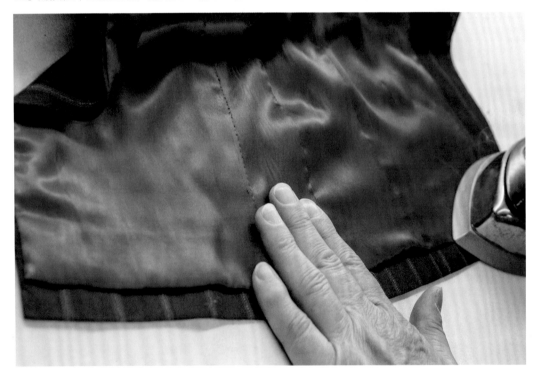

二、整烫挂面

在整烫驳领前，需要先熨烫挂面。将衣身正面朝上，立靠在大小头软垫沙包上，使挂面的正面完全展开在台面边缘，以丝缕顺直为标准进行整烫。

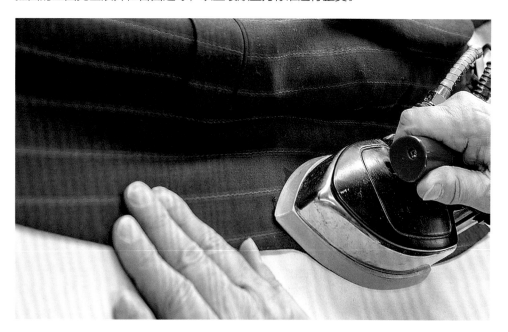

将衣身翻转至反面朝上，立靠在大小头软垫沙包上，使挂面的反面完全展开在台面边缘，先按止口的窝势熨烫，以归正丝缕的方法逐步向里移动熨烫，再将翻驳线位置摊在台面边缘，使驳领下挂并保持里外匀造型，然后反复熨烫挂面。

三、整烫驳领

翻折领面整烫驳领的立面,指的是将驳领翻折在胸部,在立面形态下进行整烫。将大小头软垫沙包叠放在大号木架袖烫台上,在沙包上找到符合人体胸部造型的立面,在领面和衣片之间垫上纸板后,对驳领进行整烫。

熨烫时,在驳领起翻的位置朝上一段距离,需用左手顶住扣位,保持驳领翻折时的里外匀量,右手熨烫驳领的串口部位。

驳领是翻在胸部立面上的，所以驳领止口一定要具备里外匀量，才能确保驳领翻折后能够符合人体胸部立面形态，自然伏贴。

提示：熨烫驳领面的辅助手势是用手握住止口边，反复做向外窝的动作。

四、整烫后领

完成驳领的立面熨烫后，逐步移动到后领部位，在沙包上找到符合人体肩部造型的位置，整理好背部的立面形态，在后领与衣片之间垫上纸板后，对后领进行归烫塑型。

胸、腰、摆的立面整烫

本章示范工艺的样衣为女装，其胸、腰、摆的尺寸相差较大，这些部位的熨烫技巧包括：（1）灵活运用熨烫工具，让熨烫部位的局部块面在大小头软垫沙包上完全展开后，再整理熨烫部位的丝缕；（2）根据熨烫面和熨斗可接触面的大小来调整熨斗的着力点、熨烫时间、熨烫手法等。

一、整烫右前片胸部

熨烫前将软垫沙包的大头一侧塑造成饱满的胸部形状，然后将右前片胸部贴在这一侧沙包上进行熨烫。

提示：熨烫胸衬部位时尽量干烫，熨斗走向应与丝缕方向保持一致。

二、整烫右前片腰部

将右前片腰部止口置于沙包的凸面上，两头往下压，使丝缕挺直，再按照丝缕方向进行腰部止口的熨烫。

整烫好腰部止口以后，再转至前片腰部熨烫。将前片腰部贴在沙包的小头一侧，由于此部位的平面较窄，熨斗底部不能全部压下去，熨烫时只能依据沙包所模拟的腰部形状，以熨斗的前端进行局部块面的熨烫。

三、整烫右前片下摆

　　将右前片下摆贴在沙包凸起最大的地方，使两头下挂，沿着丝缕方向，逐步由腰臀部位向下摆熨烫。

　　提示：熨烫时用左手压住右前片下摆，辅助塑造窝势。

四、熨烫口袋与后衩位

　　在沙包上找到与熨烫部位的形态相匹配的立面，平铺展开右前片，整理好丝缕，依据造型进行整烫。

　　提示：在袋盖或者衩位下垫上纸板隔离，以免熨烫后留下上片压下片的印迹。

五、阶段检视

　　熨烫时需要经常将服装穿在人台上或者用手托起,查看各个部位的熨烫效果。局部检视是否有细小褶皱。前片整体检视丝缕是否顺直,立面形态是否饱满且符合整体及局部形态要求。

六、熨烫左前片

　　按照女装通常的熨烫顺序,先右后左。熨烫左前片时,为了便于操作,可将熨烫工具以及衣片调换到与操作手势对应的方向。左前片的整烫流程与右前片相同。

第三节

肩背部和袖子的立面整烫

手工高级定制上衣肩背部和袖子的立面整烫，是在完成领子和前片熨烫后进行的。熨烫前，需要准备好悬挂成品服装的人台或专用衣服挂架。

一、熨烫背部

将上衣背部平铺在大小头软垫沙包弧面最大的区域，使其完全展开。逐步调整熨烫部位，尽量使熨斗底部与熨烫部位的接触面最大，其中肩胛骨部位是重点熨烫塑型部位。

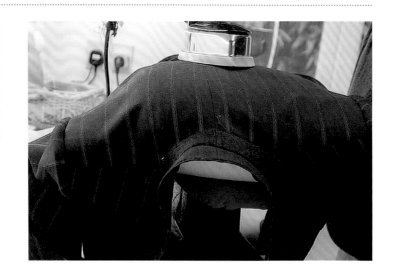

二、整烫肩部

移动熨斗，逐步向后领圈方向熨烫，调整沙包立面宽度使其等同于肩宽，贴紧并撑开上衣肩部，竖起后领进行熨烫。

三、整烫袖子

去掉软垫沙包，将袖窿圈套在大号木架袖烫台上，借用木架大头弧边的硬度熨烫袖山。

提示：熨烫袖面时，熨斗不要直接压在木架袖烫台的面板上，只需接触面料的褶皱处，使用蒸汽熨烫即可。

左手将肩膀往下压，右手旋转式喷蒸汽熨烫塑造袖窿条形态，逐步修正袖山造型。

四、检视整体效果

将服装穿在顾客身上，检视整烫效果是否达到工艺要求。如图所示，服装丝缕顺直，各部位造型符合人体不同曲面形态，胸部形态挺拔，领子形态自然，左右对称，对条质量符合工艺要求。

后记

　　服装手工高级定制是建立在不同时代、不同国家的不同顾客生活方式需求上的定制服务，是一项与时俱进的技术服务，即需要传承，又需要创新。所谓他山之石，可以攻玉，文中所述的服装高级定制技术，是本人数十年从业经验的总结，也是对红帮裁缝技术的传承，以及对英国萨维尔街英式高级定制服装技艺的借鉴与创新。

　　我很幸运，一路走来得到许多学者、专家的帮助和指点，借此机会我真诚地感谢浙江理工大学邹奉元老师、鲍卫君老师、胡蕾老师、宁波大学昂热大学联合学院许才国老师、红帮专家陈万丰老师、摄影专家程庆元老师，以及本人英国手工高级定制工作室的名师 Henry Francis Humphreys、Andrew Chen，同时感谢本人服装定制技能大师工作室的骨干成员：程庆元、沈晨、吴国华、陆斌、李麟卉、沈曦、徐子纯，以及东华大学出版社领导和编缉老师们对于本书出版的重视和支持。

参考文献

[1] 许才国，鲁兴海 . 高级定制服装概论 [M] . 上海：东华大学出版社，2009.

[2] 克莱尔·B. 谢弗 . 服装高级定制：高级女装制作技术精解 [M] . 王俊，译 . 上海：东华大学出版社，2018.

[3] 克莱尔·B. 谢弗 . 服装高级定制：CHANEL 高级女装制作技术解密（上装）[M]. 王俊，朱奕，译 . 上海：东华大学出版社，2018.

[4] 陈万丰 . 中国红帮裁缝发展史 [M]. 上海：东华大学出版社，2007.